≋ 형제가 함께 간 ≋

남파랑길
(전라도편)

대한민국대표브랜드
코리아둘레길

형제가 함께 간
남파랑길(전라도편)
대한민국대표브랜드 코리아둘레길

초판인쇄 2025년 2월 21일
초판발행 2025년 2월 21일

지은이 최병욱 · 최병선
펴낸이 채종준
펴낸곳 한국학술정보(주)
주 소 경기도 파주시 회동길 230(문발동)
전 화 031-908-3181(대표)
팩 스 031-908-3189
홈페이지 http://ebook.kstudy.com
E-mail 출판사업부 publish@kstudy.com
등 록 제일산-115호(2000. 6. 19)

ISBN 979-11-7318-206-8 13980

이담북스는 한국학술정보(주)의 학술/학습도서 출판 브랜드입니다.
이 시대 꼭 필요한 것만 담아 독자와 함께 공유한다는 의미를 나타냈습니다.
다양한 분야 전문가의 지식과 경험을 고스란히 전해 배움의 즐거움을 선물하는 책을 만들고자 합니다.

형제가 함께 간

남파랑길
(전라도편)
대한민국대표브랜드
코리아둘레길

최병욱 · 최병선 지음

정신이 육체를 지배한다고 한다. 사람이 어떠한 생각을 갖느냐에 따라서 세상이 바뀌고 인생이 달라진다. 한 가지 일에 몰입하는 것도 행복이 아닐까?

오직 코리아둘레길을 완주하겠다는 일념 하나로 해파랑길 완주에 이어 남파랑길을 걸었다. 계획하고, 실행하고, 반성하고! 일행 모두가 건강하기만을 간절히 빌었다.

전국에 코로나가 발생하여 확진자가 증가했고, 전파방지를 위해 마스크 착용 및 사회적 거리두기를 의무화하며 가급적 통행을 자제했다. 덕분에 이동과 숙식이 힘들었고, 남파랑길을 걷는 동안 함께하는 사람도 별로 없었다.

2021년 3월, 부산 오륙도를 출발해서 2022년 12월에 해남 땅끝탑에 도착할 때까지 꼬박 2년이 걸렸다. 4계절이 두 번 바뀌었다.

부산의 깡깡이예술마을, 영도대교, 범일동, 수성동, 초량동을 걸으며 부산 구도심의 아픈 역사를 감상했고, 유라리광장의 '영도다리! 거~서 꼭 만나재이~'라는 문구와 영도대교 초입의 '굳세어라 금순아' 노래비가 가슴을 뭉클하게 했다. 국제시장과 자갈치시장에서 삶의 현장을 느껴보고, 몰운대와 낙동강하구둑을 걸으면서 벚꽃에 취해보았다.

　곳곳에 아름다운 길을 조성해 놓았다. 부산 갈맷길, 진해드림로드, 고성 면화산둘레길, 해지개 해안둘레길, 대독누리길, 공룡화석지해변길, 통영 남망산 조각공원길, 거제 섬&섬길, 충무공 이순신 만나러 가는 길, 남해 바래길, 이순신호국길, 관세음길, 순천 남도 삼백리길, 여수 백리섬섬길, 여자만 갯노을길, 고흥 미르마루길, 마중길, 싸목싸목길, 천등산 먼나무길, 보성 다향길, 벌교 중도방죽길, 장흥 한승원문화산책길, 강진 바다둘레길, 정약용 남도유배길, 강진바스락길, 남도 이순신길, 조선수군재건로, 해남 땅끝 천년의 옛숲길 등 모두 남파랑길과 함께 가는 길이다.

　봄에는 개나리, 진달래, 유채꽃, 벚꽃, 연산홍, 철쭉꽃, 아카시아꽃을 감상하다 보면 들판에는 보리와 감자가 익어가고 어느덧 모내기가 시작된다. 각종 과일나무도 꽃을 피우고, 고추와 가지가 새순을 틔운다.

　여름이 되면 고추와 가지가 주렁주렁 달리고, 감자와 양파들을 수확하며 과일들도 몸집을 키운다. 메타세쿼이아길, 편백나무숲길, 삼나무 숲길을 걸으며 피톤치드에 흠뻑 젖어보았다.

가을에는 은빛 물결의 억새밭과 갈대숲, 노랗게 물든 은행나무, 국화밭, 금목서, 은목서, 배롱나무 등을 감상하며 풍성한 과일을 맛보았다. 겨울에는 동백꽃과 붉은 열매가 인상적인 먼나무를 감상했다. 또다시 일년이 반복된다. 전국 곳곳에 사시사철 아름다운 꽃들이 피었다. 핸드폰으로 꽃의 이름을 검색하여 하나하나 알아가는 것도 큰 즐거움이었다.

진동항 미더덕, 통영 생굴, 거제 코끼리조개, 창선 고사리, 남해 죽방렴 멸치, 하동 재첩, 벌교 꼬막, 순천만 짱뚱어, 여수 여자만 장어, 고흥 유자, 한우, 보성 쪽파, 녹차, 장흥 수문항 키조개, 완도 전복, 해남 배추, 땅끝미을 삼치 등, 기후와 토양에 따라서 생산되는 품목도 다양했다.

지역을 대표하는 맛집도 많았다. 부산 돼지국밥, 부산 차이나타운 '신발원'의 고기만두, 창원 진동항 '미더덕 모꼬지 맛집'의 미더덕회와 미더덕 비빔밥, 마산 '오동동아구할매집'과 '초가아구찜'의 아구수육, 통영 '굴 향토집'의 굴요리 풀코스, 거제도 '초정 명가'와 '강성횟집'의

활어회, 하동 '솔잎한우 프라자'의 솔잎한우, 여수 '한일관'의 해산물한 정식, '구백식당'의 금풍생이구이, 경도 '한국회관'의 하모샤브샤브, 광양 '금목서'와 '대한식당'의 광양숯불고기, 순천 '금빈회관'의 한우떡갈비, 벌교 '대박회관'의 가리맛조개찜, 장흥 '취락식당'의 장흥삼합, 장흥 '바다하우스'의 키조개코스요리, 강진 '명동식당'의 남도한정식, 완도 '미원횟집'의 전복코스요리, 해남 '바다동산'의 삼치회코스요리 등이 별미였다. 남파랑길을 걸으면서 맛집만 들리다 보니 입맛이 최고급으로 변해버렸다. 이 또한 행복이 아니겠는가?

　벌교에서 만난 택시 기사의 말씀, '내가 돈은 없어도 입은 관청에 가있다' 통영 유니크 호텔 더뷰의 경영철학 "손님은 귀신이다. 사장의 잔머리 굴리는 소리가 들리면 다시는 이 숙소를 찾지 않는다. Unique 호텔 The View의 운용 요체는 잔머리를 굴리지 않는 것이다. 우리는 고객만족 백퍼를 위하여 최상의 친절 · 봉사 · 청결로 25시간 깨어있을 것이다." 벌교의 천연발효빵 가게인 '모리씨빵가게'의 경영철학 "화려한 기교보다 재료 본연의 맛을 느낄 수 있는 빵을 지향합니다." 등 식당과 숙소에 써진 글귀가 여운을 남겼다.

서로 격려하고 위로하며 양보했다. 7년간 함께 산행하고 길을 걸으며 한마음으로 똘똘 뭉쳤다. 형제들로 구성된 어렵고 불편한 조합이지만 서로들 현명하게 대처했다. 참을 수 없는 것을 참는 것이 정말로 참는 것이라고 했다. 이제 서로를 사랑하게 되었다. 앞으로 강철 가족이 되어 서해랑길 완주와 더불어 코리아둘레길 완주를 기원해 본다.

오늘 내가 남긴 발자취가 뒷사람의 이정표가 될 수 있도록 하나도 빠짐없이 철저히 걸었다. 우리 형제가 땀으로 성취한 이 길이 뒷사람에게 한 줄기 빛이 되기를 기원하며!

2025년 1월

대전 한라산 **최병욱**

🌀 목차

코리아둘레길이란?

동해안, 서해안, 남해안 및 DMZ 접경지역 등 우리나라의 외곽을 하나로 연결하는 약 4,500km의 초장거리 걷기 여행길로, '대한민국을 재발견하며 함께 걷는 길'을 비전으로 '평화, 만남, 치유, 상생'의 가치를 구현한다.

동해안의 **해파랑길**, 남해안의 **남파랑길**, 서해안의 **서해랑길**, 북쪽의 **DMZ 평화의 길**로 구성되어 있다.

구분	구간	코스	길이 [km]	개통일	비고
해파랑길	부산 오륙도 해맞이공원 ~ 강원도 고성통일전망대	50	750	2016년 5월	동해안의 주요 해수욕장과 일출 명소, 관동팔경을 두루 거치는 아름다운 해변 길
남파랑길	부산 오륙도 해맞이공원 ~ 전남 해남군 땅끝 탑	90	1,470	2020년 10월	한려수도와 다도해의 섬들을 지나며 남해의 아름다움을 느끼는 낭만의 길
서해랑길	전남 해남군 땅끝 탑 ~ 인천 강화 평화전망대	109	1,800	2022년 6월	해지는 바다와 갯벌 속 삶의 모습들을 만나는 생태와 역사의 길
DMZ 평화의 길	인천 강화 평화전망대 ~ 강원도 고성통일전망대	34	510	2024년 9월	아픈 역사의 상흔과 살아 있는 생태자원을 만나는 화합과 평화의 길. DMZ 평화의 길 횡단노선
계		285	4,530		

남파랑길이란?

'**남쪽(南)의 쪽빛(藍) 바다와 함께 걷는 길**'이라는 뜻으로, 부산 오
륙도해맞이공원에서 전남 해남 땅끝탑까지 남해안을 따라 연결된
1,470km의 걷기 여행길이다.

경상도 권역의 부산, 창원, 고성&통영, 거제, 사천&남해&하동의 5
개 구간과 전라도 권역의 광양&순천, 여수, 보성&고흥, 장흥&강진, 완
도&해남의 5구간 등, 총 10개 구간의 90개 코스로 구성되어 있으며,
2020년 5월 15일에 완성되어, 2020년 10월 31일부터 개통되었다.

6. 광양&순천구간

매화의 짙은 향기를 맡으며 광양만의 푸른 바다와 세계자연유산 순
천만습지의 자연이 만들어내는 황홀함을 만끽하며 걷는 치유의 길인
광양&순천구간은 총거리 106.5Km로, 6개 코스로 구성되어 있다.

광양의 볼거리는 광양매화마을, 백운산 자연휴양림, 백운산 4대계곡
(성불계곡, 동곡계곡, 어치계곡, 금천계곡), 구봉산전망대, 광양읍수 이
팝나무, 옥룡사지 동백나무숲, 광양이순신대교, 섬진강 만덕포구, 광양
만야경의 광양 9경이 있고, 시원한 강바람을 맞으며 아름다운 섬진강
풍경을 감상하며 걷는 섬진강 둘레길, 망덕포구의 윤동주유고보존가옥
인 정병욱가옥이 있다.

광양의 먹거리는 광양숯불고기, 광양매실차, 닭숯불구이, 숯불장어구이, 망덕포구 가을전어, 섬진강재첩, 광양곶감, 광양기정떡, 백운산고로쇠 등이 있다.

순천의 볼거리는 순천만국가정원, 순천만습지, 낙안읍성, 순천드라마촬영장, 승보사찰 조계산 송광사, 선암사의 순천 6경이 있고, 구봉산전망대에서 바라보는 광양만 일대의 풍경과 벌교의 중도방죽길 풍경도 환상적이다.

순천의 먹거리는 짱뚱어탕과 벌교꼬막이 유명하다.

구간	코스	구 역	거리(Km)	주요관광지
광양	48	섬진교 동단~진월초등학교	13.7	하모니철교, 섬진강교, 섬진강매화로 진월 돈탁하천숲, 청룡식당 재첩
	49	진월초등학교~중동근린공원	15.4	망덕포구, 정병욱가옥, 배알도,광양제철소 무지개다리, 중마금호수공원, 이순신대교
	50	중동근린공원~광양터미널	17.6	구봉산전망대, 사라실예술촌, 유당공원
	51	광양터미널~율촌파출소	15.0	충무사, 순천왜성, 정유재란역사공원
순천	61	와온해변~별량화포	13.7	와온해변, 용산전망대, 순천만 갈대숲, 화포항
	61-1	인안교~인안교	6.3	순천만 습지공원
	62	별량화포~부용교 동쪽사거리	24.8	죽전방조제, 거차뻘배체험장, 벌교대교 호동방조제, 벌교생태공원, 중도방죽길
	계		106.5	순천 남도삼백리길

7. 여수구간

여수밤바다의 낭만버스킹과 청춘포차로 천만 관광객이 찾는 음악과 낭만의 도시 여수를 걷는 여수구간은 총거리 106.5Km로, 9개 코스로 구성되어 있다.

여수의 주요 관광명소로는 여수밤바다와 산단야경, 여수세계박람회장, 여수이순신대교, 여수해상캐이블카, 오동도, 금오도 비렁길, 거문도 · 백도, 향일암, 영취산 진달래, 충무공 이순신장군의 진남관 등이 있고, 계절에 따라 여수거북선축제, 여수밤바다 불꽃놀이축제, 향일암 일출제, 영취산 진달래축제, 여자만갯벌노을체험행사, 거문도 · 백도 은빛바다체험행사 등 다양한 축제가 개최된다.

여수의 먹거리로는 여수한정식, 하모샤브샤브, 돌산갓김치, 굴국밥, 서대회무침, 금풍생이구이 등이 별미이고, 곳곳에 전문점이 있으며, 한일관 여수한정식, 경도회관 하모샤브샤브, 구백식당 금풍생이구이, 돌산식당 서대회무침도 유명 맛집이다.

구간	코스	구역	거리 (Km)	주요경관시
여수	52	율촌파출소~소라초등학교	14.8	여수공항, 여수국가산업단지, 쌍봉천
	53	소라초등학교~여수종합버스터미널	11.3	신기동철길공원, 장덕사, 미평공원
	54	여수종합버스터미널~여수해양공원	7.3	여수세계박람회장, 오동도, 자산공원 여수해상케이블카, 하멜기념관, 하멜등대

구간	코스	구 역	거리 (Km)	주요관광지
여수	55	여수해양공원~소호요트장	15.6	고소1004벽화마을, 이순신광장, 여수수산 시장, 국동항, 웅천친수공원, 소호동동다리
	56	소호요트장~원포마을 정류장	14.7	소호요트장, 디오션리조트, 용주할머니장터
	57	원포마을 정류장~서촌삼거리	17.9	봉화산활공장, 여수섬섬백리길, 구미제
	58	서촌삼거리~소라면 가사정류장	15.5	여자만, 가사리방조제, 가사리 생태공원
	59	소라면 가사정류장~궁항마을회관	8.4	달천도, 하느재길
	60	궁항마을회관~와온해변	15.1	모개도, 복개도, 와온해변
	계		120.6	여수 여자만 갯노을길

8. 보성&고흥구간

　녹차밭의 보성, 꼬막과 태백산맥의 벌교, 우주발사전망대와 아름다운 해양경관 고흥반도를 걷는 바다와 섬과 별을 벗삼는 사색의 길인 보성&고흥구간은 총거리 252.2Km로, 15개 코스로 구성되어 있다.

　보성의 관광명소로는 보성녹차밭(대한다원), 한국차박물관, 태백산맥문학관, 율포해변, 비봉공룡공원, 제암산자연휴양림, 일림산 · 용추계곡, 대원사, 주암호 · 서재필기념관 등이 있고, 보성다향대축제, 보성차밭빛축제, 보성녹차마라톤대회 등 다양한 축제들이 열리고 있으며, 보성녹돈, 녹차떡갈비, 보성녹차정식, 벌교꼬막정식, 보성양탕 등의 먹거리가 있다.

　고흥의 관광명소로는 나로우주센터, 팔영산 자연휴양림, 지붕없는

미술관, 연홍도, 분청문화박물관, 운암산 녹음길, 소록도, 고흥만수변노
을공원, 쑥섬, 거금생태숲, 천등산 봉수대, 남열해수욕장 등이 있다.

고흥반도의 넓은 지역에서 유자와 석류를 재배하고 유자청과 석류
생과를 생산판매하며, 좋은 환경속에서 우수한 한우를 키우는 한우농가
가 매우 많다.

겨울철에만 채취하는 매생이양식장도 있다.

구간	코스	구 역	거리 (Km)	주요관광지
고흥	63	부용교 동쪽사거리 ~팔영농협 망주지소	21.7	태백산맥문학길, 벌교꼬막, 벌교시장 모리씨 빵, 벌교갯벌습지, 죽암방조제
	64	팔영농협 망주지소~독대마을회관	14.3	팔영산, 오도방조제, 백일도, 슬항저수지
	65	독대마을회관~간천버스정류장	24.7	원주도, 강산방조제
	66	간천버스정류장~남열마을 입구	11.2	우미산, 우암전망대, 용솔, 사자바위 고흥우주발사전망대, 남열해수욕장
	67	남열마을 입구~해창만캠핑장	16.4	지붕없는 미술관, 해창만방조제
	68	해창만캠핑장~도화버스터미널	20.6	해창만간척비, 해창만제2방조제 별나로마을, 와도, 천마로 벼멍
	69	도화버스터미널~백석회관	15.7	천등산 철쭉공원, 금탑사 비자림 풍남항
	70	백석회관~녹동버스공용정류장	13.2	오마방조제, 한센인 추모공원, 녹동항 소록도, 거금도, 녹동항 바다정원
	71	녹동버스공용정류장 ~고흥만방조제공원	21.8	용동해수욕장, 유자밭
	72	고흥만방조제공원~대전해수욕장	14.9	고흥만방조제, 풍류해수욕장
	73	대전해수욕장~내로마을회관	17.9	대전해수욕장, 득량만갯벌, 용산천변길

구간	코스	구 역	거리 (Km)	주요관광지
고흥	74	내로마을회관~남양버스정류장	9.2	죽도
	75	남양버스정류장 ~신기수문동 버스정류장	21.0	우도, 신기거북이어촌체험마을, 우림원 송림방조제
보성	76	신기수문동 버스정류장 ~선소항 입구	16.7	장선해변,보성방조제,예당습지생태공원 비봉공룡공원, 득량만 바다낚시공원
	77	선소항 입구~율포솔밭해변	12.9	선소항, 비봉공룡알화석지, 우암선착장 율포솔밭해변
	계		252.2	고흥 미르마루길, 마중길, 싸목싸목길, 천등산 먼나무길, 보성 다향길

9. 장흥&강진구간

한승원 문학공원, 이청준 생가, 다산초당 등 고즈넉한 바닷길을 따라 배움의 길을 걷는 장흥&강진구간은 총거리 127.5Km로, 7개 코스로 구성되어 있다.

장흥의 관광명소로는 우드랜드, 억불산 편백숲, 장흥호도박물관, 장흥토요시장, 정남진전망대, 천관산, 제암산, 소등섬, 선학동마을 등이 있고, 국내에서 유일하게 수문항에서 키조개를 양식하고 있다.

장흥의 대표 먹거리로 장흥한우삼합(한우불고기, 키조개 관자, 표고버섯), 키조개코스요리(키조개구이, 키조개회무침, 키조개탕, 가마솥밥), 황칠백숙 등이 있다.

강진의 관광명소로는 다산초당, 고려청자박물관, 한국민화뮤지엄, 가우도, 전라병영성, 남미륵사, 월출산 무위사, 강진다원 등이 있고, 강진청자축제(2월말)와 강진만갈대축제(10월)가 열린다.

　강진에는 남도한정식과 강진회춘탕(가시오가피와 헛개나무 등 12
가지 한약재를 우려낸 육수에 닭, 문어, 전복을 넣어 푹 고아 만든 보양
식)이 유명하며, 곳곳에 한정식점문점이 많이 있다.

구간	코스	구 역	거리 (Km)	주요관광지
장흥	78	율포솔밭해변~원등마을회관	18.9	명교해수욕장, 수문해변, 수문항 키조개 한승원 문학산책길, 장재도, 남상천
	79	원등마을회관~회진시외버스터 미널	26.2	삼산호, 삼산방조제, 정남진전망대 정남진방조제, 한승원생가, 한재공원
강진	80	회진시외버스터미널~마량항	20.0	회령진성, 이청준생가, 덕촌방조제 마량방조제, 고금대교
	81	마량항~가우도 입구	16.0	마량항, 마량놀토수산시장 백사어촌체험마을, 가우도
	82	가우도 입구~목리교	14.7	강남방조제, 강진만갈대숲 데크탐방로
	83	목리교~도암농협	18.0	강진만생태공원, 철새도래지, 임천방조제 만덕산 백련사, 다산초당, 석문공원
	84	도암농협~시내방조제	10.7	강진만해안도로, 덕룡산, 주작산 두륜산, 호래비섬
	계		127.5	장흥 한승원 문학산책길, 이청준 문학길 강진 바다둘레길, 정약용 남도유배길 강진바스락길, 남도 이순신길 조선수군재 건로

10. 완도&해남구간

장보고 유적지 및 다양한 해양관광자원을 보유한 전복의 고장 완도와 달마고도를 지나 땅끝탑까지 남파랑길의 끝자락을 걷는 완도&해남구간은 총거리 104.3Km로, 6개 코스로 구성되어 있다.

완도의 관광명소로는 완도해양치유센터, 완도타워, 완도청해진 유적지 장도, 청해포구 촬영장, 국립난대완도수목원, 보길도 윤선도 원림, 슬로시티 청산도, 신지명사십리해수욕장, 금당 8경(천불전, 코끼리바위, 남근바위, 초가바위, 상여바위, 스님바위, 부채바위, 병풍바위) 등이 있고, 완도타워는 완도의 랜드마크로 야경이 아름답다.

완도에는 전복양식장이 많은 만큼 전복요리전문집도 곳곳에 많이 있다. 미원횟집의 전복코스요리(전복회, 전복찜, 전복버터구이, 전복볶음, 포고버섯탕수육, 전복조림, 전북죽)와 장보고장군이 군사들의 몸보신을 위해 만들었다는 해신탕(토종닭, 전복, 문어, 게를 넣고 인삼과 약재를 더해 끓인 보신탕)도 특별한 먹거리다.

땅끝마을에는 연봉녹우(연동리 녹우당 600년된 해남윤씨 종택), 달마도솔(달마산과 도솔암), 고천후조(고천암 가창오리군무), 두륜연사(두륜산과 천년고찰 대흥사), 주광낙조(해남 오시아노관광단지의 붉은낙조), 육단조범(땅끝 맴섬 일출과 일몰장관), 우항괴룡(우항리 기이한 공룡발자국), 명량노도(명량대첩지 울돌목 소용돌이)의 8경이 유명하다.

해남의 농가에서는 배추를 대량생산하고 있으며, 겨울철 김장철에 절임배추를 공급하고 있다. 해남의 대표음식은 삼치회와 닭코스요리다. 겨울철 추자도 앞바다에서 잡아 온 싱싱한 삼치를 이용한 바다동산의 삼치코스요리(삼치회, 삼치구이, 삼치튀김, 삼치메운탕)가 일품이고, 해남 닭요리촌에서 맛볼 수 있는 닭코스요리(닭육회, 닭불고기, 닭구이, 닭백숙, 닭죽)도 지역별미다.

구간	코스	구 역	거리 (Km)	주요관광지
완도	85	사내방조제~남창교	18.2	사내방조제, 내동리밭섬고분군, 갈두항 토도, 와룡리 짜우락샘, 노둣길,해남배추
	86	남창교~완도항 해조류센터	24.6	완도대교, 장도 청해진유적, 장보고공원 신지대교, 노래하는 등대, 완도전복거리
	87	완도항 해조류센터~화흥초등학교	18.0	완도항, 완도해변공원, 주도, 청산도 완도타워, 가리포, 부꾸지, 정도리구계등
	88	화흥초등학교~원동버스터미널	15.8	청해포구 해신촬영장, 남근바위, 상왕봉 완도수목원, 이나무
해남	89	원동버스터미널~미황사 천왕문	13.8	달도테마공원, 남창교, 이진성지, 달마산 달마고도, 미황사
	90	미황사 천왕문~땅끝탑	13.9	도솔암, 땅끝기맥, 땅끝전망대, 땅끝탑, 맨섬일출, 땅끝희망공원, 보길도
	계		104.3	해남 삼남길, 달마고도

South Sea of Korea
Namparang Trail Route Information
90 routes 1,470km

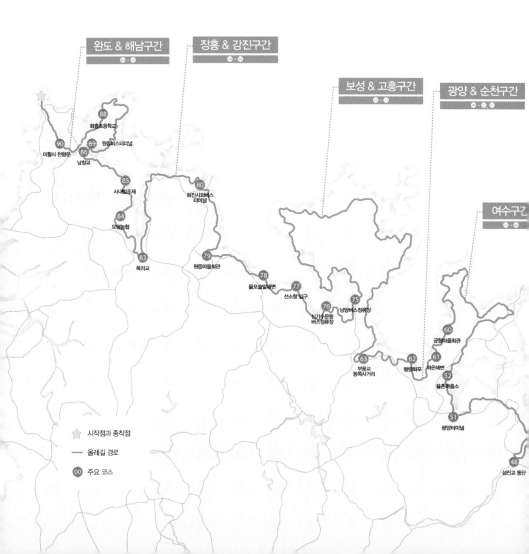

**90 routes
1,470km**

사천 & 남해 & 하동구간

고성 & 통영구간

거제구간

찬원구간

부산구간

무전동 해변공원 30
15
청마기념관 27
28
장평리 신촌마을
충무도서관
사동면사무소 16
31
바다휴게소
14
황리사거리
대방교차로
36 35
삼천포대교 하이면사무소
사거리
33
임포항
13
배둔시외버스
터미널
12
암아교차로
11
구서분교 앞
삼거리
송정공원 06
05
신평동교차로
시작점 오륙도해맞이공원

NAMPARANG
ROUTE
48

섬진교 동단 → 진월초등학교

섬진강 매화로를 따라 봄의 향기를 만끽하며

 거리(km)
12.6

 시간(시, 분)
4:20

 도보여행일: 2022년 04월 30일

★ 꼭 들러야 할 필수 코스!

광양구간

6.9k
2:10

섬진교 동단

거북등터널

2.7k
1:00

3.0k
1:10

진월초등학교

끝들마을

남파랑길 48코스 (섬진교 동단~진월초등학교)
섬진강 매화로를 따라 봄의 향기를 만끽하며

섬진강매화로

섬진교

하동송림공원에 차를 주차하고 '섬진강 100년 미래'라는 문구가 새겨진 뫼비우스 계단을 올라 '젊은 교육도시 광양, 아이 양육하기 좋은 광양'이라고 적힌 표지판을 바라보며 섬진교를 건넜다.

섬진교를 넘어 우측으로 향하면 광양시 다압면의 매화마을과 청매실농원이 나타난다. 올해도 3월 10일부터 19일까지 열흘 동안 제22회 광양매화축제가 열렸다. 이곳은 흐드러지게 핀 매화꽃을 즐기며 봄의 향기를 만끽할 수 있는 국내 최고의 매화꽃 단지로 유명하다.

회전교차로에서 왼쪽으로 섬진강 둔치를 따라 섬진강 매화로를 걸었다. 봄이 깊어져 하얀 층층나무꽃, 은은한 으아리꽃, 붉은 홍가시나무 새순, 아카시아꽃들이 화창하게 피었다. 섬진강 하구 쪽으로 내려가며 바라본 맞은편의 하동송림공원과 백사장이 너무 아름다웠다.

큰으아리꽃

홍가시나무꽃

홍가시나무 가로수길

섬진강매화로에서 바라본 섬진교

아카시아꽃이 포도송이처럼 풍성하게 피어 바람을 타고 전해오는 아카시아 향기가 너무나도 좋았다. 윙윙거리는 꿀벌 소리가 들리지 않았다. 최근 언론 매체를 통해 기후 변화로 인해 꿀벌들이 사라지고 있다는 소식을 접했는데 현장에서 직접 확인해보니 지구의 위기를 실감했다. 지구를 살리기 위한 노력이 절실히 필요하다는 생각이 들었다.

붉은 홍가시나무와 철쭉꽃으로 아름답게 조성된 가로수길을 따라 걸었다. 섬진강 철교를 건너 지난번에 방문했던 상저구마을과 하저구마을의 풍경을 감상하면서 광양 갈대쉼터에 도착했다. 새순이 돋아나는 둥근 반송과 영산홍으로 잘 가꾸어진 환상적인 도보길이었다.

상저구마을

광양 갈대쉼터

돈탁마을의 거북등터널에 이르렀다. 마을의 형세가 거북이가 목을 빼고 섬진강 물을 마시는 형국이라 해서 마을 이름을 거북등이라 불렀다가 나중에 돈탁으로 변경했다고 한다. 잘 정비된 진월 돈탁하천숲을 거닐며 섬진강 끝들마을 맞은편의 신방마을을 감상했다. 신방마을은 재첩으로 유명하며 옛날에는 사평나루를 통해 서로 왕래했다고 한다.

하얀 이팝나무꽃, 보랏빛 오동나무꽃, 화사한 병꽃나무꽃, 오사리 습지의 물억새와 붉은 홍가시나무 풍경을 감상하며 섬진강대교를 지나 섬진강 자전거길을 따라 진교의 청룡식당에 도착했다.

섬진강대교

거북등터널

진월 돈탁하천숲

끝들마을

청룡식당은 재첩요리로 유명한 곳이다. 옛날 동아공고에 재직할 때 광양제철에 근무하는 졸업생 장병윤으로부터 소개받은 추억의 맛집이다. 광양에 사는 처남 진병두 부부가 누님 일행이 오셨다며 식당까지 마중 나와 점심식사를 대접했다. 재첩회무침과 재첩국으로 맛있는 점심식사를 했다. 이로인해 여행은 더욱 즐거웠고 가족애도 느꼈다.

하동에서 구례에 이르는 섬진강 일원은 재첩과 은어가 유명하고, 광양의 매실, 산동의 산수유, 악양의 대봉감, 화개장터의 녹차, 하동의 배, 등의 먹거리가 유명하며, 악양들판, 최참판댁, 박영리 문학관, 화개장터, 쌍계사 등도 둘러볼 만하다.

섬진강의 아름다운 풍경을 감상하며 섬진강 매화로를 걸으면서 선소마을 민속공원을 지나 진월초등학교에 도착해서 일정을 마감했다.

NAMPARANG
ROUTE
49

진월초등학교 → 중동근린공원

별헤는 다리를 건너 배알도 해운정에서 해맞이 다리로

🏃 거리(km) 15.3	🕐 시간(시, 분) 5:00	📅 도보여행일: 2022년 04월 30일 ~ 05월 01일

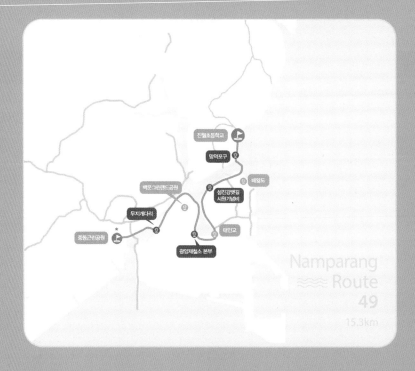

★ 꼭 들러야 할 필수 코스!

광양구간

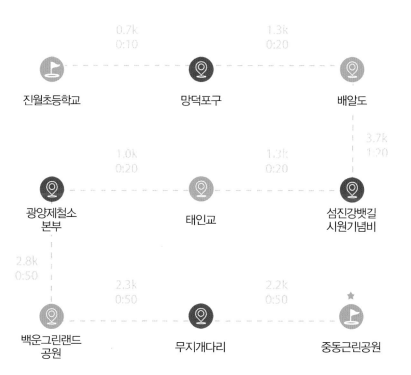

	0.7k 0:10		1.3k 0:20	
진월초등학교		망덕포구		배알도

				3.7k 1:20
1.0k 0:20		1.3k 0:20		
광양제철소 본부		태인교		섬진강뱃길 시원기념비

| 2.8k 0:50 | | 2.3k 0:50 | | 2.2k 0:50 |
| 백운그린랜드 공원 | | 무지개다리 | | 중동근린공원 |

남파랑길 49코스 (진월초등학교 ~ 중동근린공원)
별헤는 다리를 건너 배알도 해운정에서 해맞이 다리로

무지개다리

망덕포구 전어조형물

4월 30일 토요일 오후 2시, 진월초등학교를 출발하여 망덕포구에 도착했다. 망덕포구는 백두대간에서 분리한 호남정맥이 영취산에서 시작하여 광양 백운산과 망덕산을 거쳐 망덕포구에서 끝을 맺는다고 한다. 전북 진안군 데미샘에서 발원한 섬진강이 3개도 550리를 굽이돌아 남해로 흘러들어가는 곳으로 민물과 바닷물이 섞여서 전어, 장어, 백합, 재첩, 벚굴 등 바다의 진미가 사시사철 제공되는 곳이라고 한다. 무접섬광장에 설치된 전어조형물이 눈길을 끌었다.

망덕포구에 자리한 윤동주 쉼터를 둘러본 후 붉은색 지붕의 정병욱

가옥으로 향했다. 윤동주는 1941년에 '하늘과 바람과 별과 詩'를 발간하려 하였으나 일제의 탄압으로 좌절되었다. 그의 친구 정병욱이 이곳 망덕포구에서 원고를 어렵게 보관하고 있다가 광복 후 1948년에 발간하여 빛을 보게 되었다고 한다. 광양시에서 이 뜻을 기리기 위해 '윤동주 유고 보존 정병욱 가옥'을 건립하여 잘 보전하고 있었다.

'배알도 별헤는 다리'에서 망덕포구의 전경을 감상한 뒤 배알도 섬 정원으로 갔다. 여기서는 광양시립예술단이 봄맞이 버스킹으로 코로나로 지친 관광객들의 마음을 치유해 주고 있었다. 배알도 해운정에 올라 주변 경치를 감상한 뒤 '해맞이 다리'를 건너 배알도 수변공원으로 들어섰다.

배알도 별헤는 다리

배알도

섬진강 변을 따라 명당길과 삼봉산로를 걸으며 태인대교와 섬진강 뱃길시원기념비, 포스코 광양제철소, 태인교를 건넜다. 태인교 삼거리에서 제철로로 접어들어 포스코 광양제철소와 백운그린랜드공원을 지나 광양제철중학교에서 오늘의 일정을 마감했다.

포스코 광양제철소

제철로

5월 1일 일요일 아침 9시, 백운그린랜드공원에 차를 주차하고 광양 제철중학교를 출발했다. 금호대교 아래를 지나며 조성된 벚나무 가로수 길을 따라 금섬해안길을 걸었다. 벚꽃이 만발한 시기에 여기를 걸었다면 환상적인 광경이었을 것이라는 생각이 들었다. 많은 시민이 아침 햇살을 받으며 산책을 즐기고 있었다.

금섬해안길

무지개다리

　금호동에서 광양시 마동으로 넘어가는 중마금호해상보도 '무지개다리'에 도착했다. 다양한 빛을 사용하여 광양의 과거와 미래, 땅과 바다와 하늘을 주제로 한 조형물이 인상적이었다. 다리 위에서 광양제철소와 이순신대교의 전경을 감상했다. 무지개다리 중간에 설치된 철로 만든 조형물에서 잠시 휴식을 취하며 사진을 찍고 주변 경치를 감상했다.

　중마금호수공원에서 이순신대교와 섬진강의 풍경을 감상한 후 청암로 위의 해오름육교를 거쳐 청암로로 접어들었다. 해오름육교는 해가 솟아오르는 모양을 형상화한 것으로 육교에서 바라본 조망이 일품이었다.

중마금호수공원에서 바라본 섬진강

이순신대교

청암로

    홍가시나무 가로수가 아름다운 청암로를 걸으며 길호대교를 지나 제철로로 들어섰다. 철쭉꽃이 만개한 메타세쿼이아길을 따라 걸으며 길호마을 옛터를 지나 중동근린공원에 도착해 일정을 마감했다.

철쭉꽃 가로수길

NAMPARANG
ROUTE
50

중동근린공원 ~ 광양터미널

구봉산전망대에 올라 광양만 일대의 아름다운 풍경을 감상하며

| 🏃 거리(km)
17.3 | 🕐 시간(시, 분)
6:00 | 📋 도보여행일: 2022년 05월 어일 |

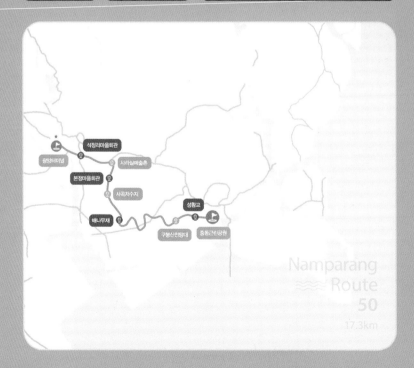

Namparang
≈≈≈ Route
50
17.3km

광양구간

	1.5k 0:40		5.7k 2:10	
중동근린공원		성황교		구봉산전망대

3.0k 1:00

	1.1k 0:20		1.4k 0:20	
본정마을회관		사곡저수지		배나무재

0.9k 0:10

	2.2k 0:50		1.5k 0:30	
사라실예술촌		석정리마을회관		광양터미널

남파랑길 50코스 (중동근린공원 ~ 광양터미널)
구봉산전망대에 올라 광양만 일대의 아름다운 풍경을 감상하며

구봉산 메탈아트봉수대

구봉산 등산로 안내도

중동근린공원을 출발하여 제철로를 따라 걸으며 성황교를 지나 골약동 대화마을에 도착하니 구봉산 등산로 안내판이 있었다. 안내판의 정보를 숙지한 다음, 임도를 따라 구봉산전망대를 향해 올라갔다. 전망대 갈림길에 도착해서 이정표를 보니 전망대까지의 거리가 1.6km였다. 트레킹 코스는 임도를 따라가기로 되어있었지만, 전망대를 들렀다 가기로 마음먹고 정상을 향해 올라갔다.

가파른 산길을 약 한 시간 동안 힘겹게 올라가서 구봉산전망대에 도착했다. 해발 473m 높이의 구봉산 정상에는 매화꽃 모양의 메탈아트봉수대가 있었다. 메탈아트봉수대는 높이 9.4m, 꽃잎이 12개로 매화꽃이 피어오르는 모습이었다. 높이 940cm는 광양이란 지명이 최초로 사용된 서기 940년을 의미하고, 꽃잎 12개는 광양의 12개 읍, 면, 동을 상징한다고 한다. 광양이 빛의 도시, 철의 도시임을 표현하기 위해서 빛, 철, 꽃, 항만을 소재로 매화꽃의 생명력을 상징하는 봉화의 이미지를 담았다고 한다.

봉수대 주변을 돌며 전망대에서 하동화력발전소, 남해대교, 포스코 광양제철소, 이순신대교, 여수 영취산, 여수국가산업단지, 광양항, 여수 여자만, 순천 율촌산업단지까지의 다양한 파노라마 풍경을 감상했다. 백운산과 지리산 능선까지 명확하게 보였고, 광양만의 360° 장엄한 파노라마 조망이 감탄을 자아냈다.

구봉산전망대

구봉산 메탈아트봉수대

구봉산 산판도로

산길을 내려와 임도에 도착하여 배나무재까지 이어지는 길에는 사시사철 늘 푸른 가시나무로 이루어진 명품 가로수길이 조성되어 있었다. 가시나무는 남부지방이나 해안가 지역에 주로 서식하는 참나무의 한 종류이다. 육지의 산에 많이 서식하며 가을이면 도토리가 열리고 낙엽이 지는 참나무 종류에는 상수리나무, 떡갈나무, 신갈나무, 굴참나무, 갈참나무, 졸참나무의 6종류가 있는데, 이를 '6참나무'라고 부른다. 해안가에 주로 서식하는 가시나무는 낙엽이 지지 않고 사시사철 푸르며 가을이면 작은 도토리가 열린다. 가시나무, 종가시나무, 붉가시나무, 개

참나무 종류

가시나무, 참가시나무, 졸가시나무의 6종류가 있는데, 이를 '상록 6참나무'라고 부른다. 5~6월에 꽃이 피고 잎이 붉어 가로수로 많이 사용되는 홍가시나무도 제철이라 매우 아름다웠다.

점동마을에 도착하니 연녹색의 감나무 새순이 햇살을 받아 반짝이는 모습이 봄의 기운을 더해주었다. 마을의 고즈넉한 풍경과 함께 황금동굴을 둘러보는 황금둘레길도 조성되어 있었는데 시간적 여유가 없어 구경하지 못했다. 사곡저수지에 있는 '매향이'와 '매돌이' 조형물이 인상적이었다.

점동마을

사곡저수지

사라실 라벤더 치유 정원에 도착하니 광양의 주요 관광지와 먹거리에 대한 안내판이 있었다. 광양의 관광지로는 이순신대교, 무지개다리, 구봉산전망대, 광양만 야경, 광양읍수 이팝나무, 광양와인동굴, 옥룡사 동백나무숲, 백운산 자연휴양림 등이 있었고, 광양의 먹거리는 광양불고기, 광양닭숯불구이, 광양숯불장어구이, 광양기정떡, 광양섬진강재첩, 광양곶감, 광양백운산고로쇠, 광양매실차, 망덕포구 가을 전어 등이 있었다.

본정마을에 도착하니 마을회관 앞에 마을의 역사와 유래를 담은 안내판과 큰 느티나무가 있었다. 본정마을의 고풍스러운 풍경과 청결하게 유지된 도랑 가꾸기 사업이 마을의 매력을 더해주었다.

본정 도랑 가꾸기 사업

본정마을 당산나무인 느티나무

사라실예술촌의 플라타너스 가로수길

　사곡교를 건너 사라실예술촌에 도착해서 폐교된 학교를 개조한 복
합문화예술공간을 둘러보았다. 사라실이란 지명은 "마을 옥녀봉에 살
던 옥녀가 베틀로 비단을 짤 때 작업실로 쓰던 곳"이라는 데서 유래되
었다고 한다. 보랏빛 물결과 어우러진 노거수 느티나무들과 하얀 플라
타너스 가로수길이 이국적인 분위기를 자아냈다.

이팝나무꽃이 만개한 백운로의 가로수길을 걸으며 석정마을회관을 지나 광양의 유당공원에 도착했다. 유당공원은 1528년 광양 현감 박세후가 조성한 공원으로 노거수들이 즐비해서 고풍스러운 분위기를 자아냈다. 천연기념물 제35호로 지정된 광양읍수인 이팝나무와 참전유공자 기념비, 충혼탑, 충혼비, 연못 주위를 둘러본 후, 광양터미널에 도착해서 일정을 마감했다. 광양의 '금목서 광양불고기'에서 한우 불고기로 맛있게 저녁식사를 했다.

백운로의 이팝나무 가로수길

유당공원

광양읍수 이팝나무(천연기념물 제35호)

NAMPARANG
ROUTE
51

광양터미널 ~ 율촌파출소

순천왜성에 올라 임진왜란의 역사를 되새기며

 거리(km)
14

 시간(시, 분)
4:30

 도보여행일: 2022년 05월 07일

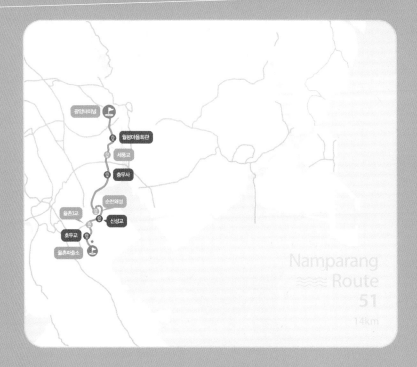

광양구간

광양터미널	2.0k 0:30	월평마을회관	1.1k 0:20	세풍교

4.5k
1:20

신성교	0.6k 0:10	순천왜성	0.8k 0:40	충무사

3.3k
1:00

율촌3교	0.6k 0:10	호두교	1.1k 0:20	율촌파출소

남파랑길 51코스 (광양터미널 ~ 율촌파출소)
순천왜성에 올라 임진왜란의 역사를 되새기며

세풍일반산업단지

광양터미널을 출발하여 신덕로를 따라 걸으며 신도교를 지나 월평 마을회관에 도착했다. 이 길을 따라가다 보면 월평마을을 지나면서 참 다래밭이 나타나는데, 싱싱하게 피어난 다래꽃들이 다래의 은은한 향 기를 풍기며 코끝을 자극했다. 처음 보는 꽃이라 신기함이 가득했고, 그

신도교

참다래꽃

은은한 향기가 너무 좋아 사진으로 담았다.

　세풍교를 지나면서 신촌마을로 접어들었다. 신촌마을 들판에는 벼들이 한 줄씩 나란히 심겨 있어 전형적인 농촌의 정겨운 풍경을 연출했다. 모내기가 시작된 듯한 모습을 보니 세월의 흐름을 느낄 수 있었다. 그 길을 따라 걸으며 노란 씀바귀꽃, 하늘로 쭉쭉 뻗은 종려나무, 그리고 황금빛으로 물든 보리밭을 감상하며 해창마을을 지나 세풍 생태습지에 도착했다.

세풍교

신촌마을의 논

해창마을 보리밭

세풍일반산업단지의 현대제철순천공장　　　　충무사

　넓게 펼쳐진 갈대밭이 주변 풍경과 어우러져 한 폭의 그림처럼 아름다웠다. 아침 햇살을 받아 반짝이는 하얀 찔레꽃을 구경하며 세풍일반산업단지를 지나 충무사에 도착했다. 임진왜란(1592~1598)이 끝난 후 100여 년이 지난 시점에 이곳에 이주한 주민들이 순천왜성 전투에서 죽은 많은 왜구들의 원귀가 밤이면 꿈에 자주 출몰하여 무섭고 불안

충무사 팽나무

했다. 그래서 사당을 짓고 이순신 장군의 영정과 위패를 모셔 제사를 지냈는데, 그 이후 마을이 평온해져 안락한 생활을 하게 되었다고 하며, 그 사당이 충무사라고 한다. 외삼문, 동광문, 사당, 영당, 이순신 장군의 영정사진, 재실, 강당, 관리사 등 주변을 둘러보았다. 강당 앞 팽나무 노거수가 매우 인상적이었다.

신성마을 효 잔치

　신성마을에 들어서니 내일이 어버이날이라고 마을 어르신들을 모시고 "신성마을 효 잔치"가 한창이었다. 이곳에서 우리들에게도 떡, 고기, 과일 등 음식을 한 상 차려주셨다. 음료수도 챙겨주시며 가면서 먹으라고 하시는 넉넉한 시골 인심에 감사했다. 너무나 고마워서 약소하지만, 산조금 오민 원을 드리고 순천왜성으로 향했다.

　순천왜성은 1597년 9월에 왜군이 호남지방을 공략하기 위해 3개월에 걸쳐 축성한 현재 전라도 지방에 유일하게 남아있는 왜성이라고 한다. 1598년 9월부터 2개월간 조신과 명나라 연합군과의 마지막 격전지였다고 한다. 성곽의 본성과 외성, 내성의 천수기단, 문지, 해자 등을 둘러보고 성곽에 올라 신성마을을 바라보니 경치가 아름다웠다.

순천왜성

순천왜성에서 바라본 신성마을

신성교를 건너서 인덕로를 따라 걸으며 현대제철순천공장 정문을 지났다. 붉은 열매가 주렁주렁 열린 먼나무 가로수길을 따라 율촌 제1 산업단지로 걸어갔다. 용전천 변에서는 화사한 백리향 꽃이 만발하여 절경을 자아냈다. 보랏빛 갈퀴나물꽃과 오리나무 열매, 때죽나무꽃 등을 감상하며 율촌3교를 건너 호두마을을 지나 오늘의 종착지인 율촌파출소에 도착했다. 율촌파출소 담장 너머로 무화과 열매가 탐스럽게 열려 있었다.

신성교

먼나무 열매

용전천 변

백리향 꽃

NAMPARANG
ROUTE
52

율촌파출소 ~ 소라초등학교

여수공항 주변에 펼쳐진 보리밭 농로를 걸으며

거리(km)	시간(시.분)	도보여행일: 2022년
14.5	4:40	05월 07일~08일

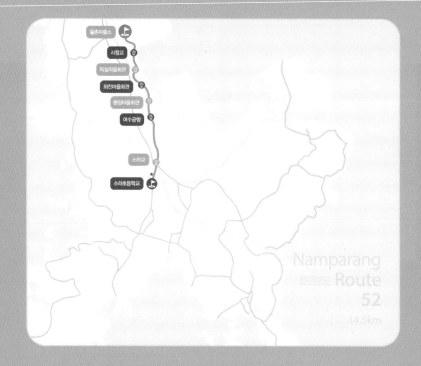

★ 꼭 들러야 할 필수 코스!

여수구간

	0.7k		1.7k	
	0:20		0:30	
율촌파출소		사항교		득실마을회관

1.8k
0:30

	3.0k		1.1k	
	1:00		0:20	
여수공항		봉정마을회관		외진마을회관

3.8k
1:10

	2.4k	
	0:50	
소라교		소라초등학교

덕산길에서 바라본 여수공항

율촌파출소 앞의 남파랑길 52코스 안내판에서 인증사진을 찍고 트레킹을 시작했다. 사항교를 지나 율촌천을 따라 걸었다. 그 길은 드넓은 간척지인 조화들판을 거쳐 득실마을로 이어졌다. 마을 앞 바다에 해산물이 풍부하여 마을의 이름이 득실(得實)이라고 붙여졌다고 한다.

득실마을

조화길

득실마을 초입의 언덕에는 동물장례식장인 펫 메모리얼파크(푸른솔)가 있었다. 도로변에는 '결사반대 동물화장장', '끝까지 투쟁'이라고 적힌 현수막들이 즐비했다. 어느 국회의원이 SNS에 올린 'GSGG'와 이곳 현수막에 쓰여진 'ㅆㅂㅆG'가 무슨 뜻일까? 마치 우리말겨루기를 하듯 곰곰이 생각해 보았으나 좀처럼 답을 알 수가 없어서 동생에게 물어보니, '개새끼', '씨발새끼'라는 험악한 쌍욕이라고 알려주어서 몹시 놀랐다.

펫 메모리얼파크

투쟁 현수막(ㅆㅂㅆG)

여수시 율촌면에 반려동물장례식장이 들어설 때 지역주민들과 협의가 부족했던 모양이다. 원장님의 개가 죽었는데 병원장으로 치를지? 사회장으로 치를지? 또는 부장님의 개가 죽었을 때 조문을 가야 할지? 조의금은 얼마를 해야 할지 고민한다는 우스갯소리가 전해지는 게 요즘 세태다. 개나 고양이가 부모보다 우대받는 요즘 시대에 경로효친 사상에 젖어 계신 시골 어르신들이 적응하기가 얼마나 어려울지 그 심정이 이해가 갔다.

홍가시나무잎이 아름답게 핀 둑방길을 지나 취적길을 걸으며 외진 마을의 수자원공사 관로공사 현장을 우회해 봉정마을회관에 도착했다. 밭에서는 완두콩 줄기가 무성하게 자라고 있었다. 한가로운 풍경의 봉정마을을 지나 여순로를 걸으며 멀리 바라보니 아름다운 이순신대교가 보였다.

홍가시나무길

이순신대교

　신산2교를 지나 여수공항을 향하여 덕산길을 걸었다. 덕산마을에 도착해서 담벼락에 그려진 새 벽화를 배경으로 기념사진을 찍고 논길을 걸으면서 신풍리로 들어섰다. 신풍초등학교 앞의 학교폭력 예방 캠페인 현수막에 '쏙력에 마짐뾰. 관심에 뉼슴죠? 행복에 ㄴ낌죠!'라고 쓰인 표어가 가슴을 뭉클하게 했다.

　여수공항 주차장에서 오늘의 트레킹을 마감하고, 광양읍의 '대한식당'에서 한우숯불불고기로 저녁식사를 했다. 어버이닐이라 보근이의 자녀들이 마련해 준 돈으로 넉넉하고 맛있게 먹었다.

한국의 3대 불고기는 달달한 양념의 부드러운 맛과 쫄깃한 식감을 한꺼번에 느낄 수 있는 불고기로 지역 특색과 조리 방법에 따라 한양식, 언양식, 광양식으로 나뉜다. 한양식은 얇게 썬 등심을 양념한 후에 버섯, 파채 등과 함께 육수를 부어가며 먹는 것으로 달콤한 국물이 자작한 것이 특징이다. 한일관, 유래옥, 보건옥, 진고개 등이 유명하다.

언양식은 고기를 잘게 다져 간장과 마늘 등을 넣고 버무려 숙성한 후 석쇠에 구워 먹는 방식으로 짭짤하고 식감이 좋다. 언양기와집불고기, 진미불고기, 종점숯불구이, 언양불고기, 만복래숯불구이, 공원불고기 등이 유명하다.

광양식은 간장에 배즙, 마늘, 참기름을 버무려 은은하게 단맛이 도는 양념장을 소고기를 저미듯 얇게 썰어낸 고기 위에 발라서 숯불에 구워 먹는 방식으로 양념을 최소화하여 고기 본연의 담백한 맛을 살린 것이 특징이다. 대한식당, 삼대광양불고기집, 금목서, 장원회관, 시내식당, 한국식당 등이 유명하다.

5월 8일 일요일 아침 7시 30분, 이순신광장 부근의 "구백식당"에서 아침식사를 했다. 여수에 가면 금풍생이구이를 꼭 먹어봐야 한다고 해서 금풍생이구이를 주문해서 먹어보았는데 담백하기는 하나 가시가 많아서 가성비가 별로였다.

금풍생이는 임진왜란 전인 1591년 이순신 장군이 여수에 전라좌수사로 부임했을 때, 시중을 들던 여인이 점심 밥상에 생선을 구워 올렸는데 생선이 너무 맛있어 장군이 생선 이름을 묻자, 아무도 이름을 아는 사람이 없었다고 한다. 그래서 생선 이름을 시중을 들던 여인의 이름을 따서 "평선"이라 불렀고 구워서 먹으니 더욱 맛이 좋아 군(굽다) 자를 붙여 "군평선이"라고 불렀다가 이후에 금풍생이가 되었다고 한다. 금풍생이구이는 여수의 대표 음식 중 하나로 관광객들에게 인기가 많았다.

금풍생이구이

여수공항을 출발하여 농로를 걸으며 비행기가 신풍리 들판 위를 지나 여수비행장 활주로로 아슬아슬하게 내려앉는 모습을 감상했다. 황금빛 보리밭의 물결과 화사한 분홍빛 밀꽃을 구경하며 덕양역에 도착했다.

여수공항과 논

여순로(보리밭)

쌍봉천 변을 따라 내려오며 아름다운 대왕참나무 가로수길과 메타세쿼이아 가로수길을 만났다. 힐링하며 정열적인 빨간 양귀비꽃도 구경했다. 덕양시장 곱창거리를 지나 소라초등학교에서 트레킹을 마감했다.

쌍봉천

대왕참나무 가로수길

덕양시장

소라초등학교 ~ 여수종합버스터미널

아왜나무와 대왕참나무를 따라 옛철길공원길을 걸으며

🏃 거리(km) 11.0	🕐 시간(시, 분) 3:20	📅 도보여행일: 2022년 05월 08일

★ 꼭 들러야 할 필수 코스!

South Sea of Korea
Namparang Trail Route Information
90 routes 1,470km

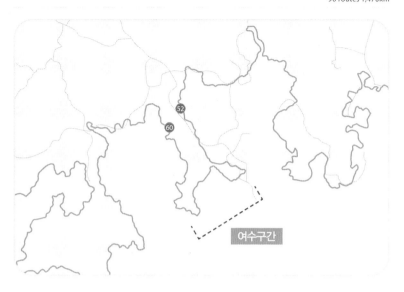

여수구간

	2.9k 1:00		0.3k 0:10	
소라초등학교		선원뜨레공원		여천동주민센터

1.7k
0:30

	2.2k 0:40		3.9k 1:00	
여수종합버스 터미널		미평공원		금호타운아파트

남파랑길 53코스 (소라초등학교 ~ 여수종합버스터미널)
아왜나무와 대왕참나무를 따라 옛철길공원길을 걸으며

아왜나무 가로수길

　　소라초등학교를 출발해 담장에 활짝 핀 노란 덩굴장미를 감상하며 덕양면 골목길을 지났다. 그 길은 쌍봉천 옆 양지바름공원길로 이어졌다. 이번 남파랑길 53코스는 전라선 폐선 철길을 도보길로 조성한 옛철길공원길을 따라 걷는 구간이다.

노란 장미꽃

양지바름공원길

전라선은 1936년 11월에 개통된 호남선의 이리역에서 여수역까지 연결하는 철도였다. 2012년 여수세계엑스포박람회를 맞아 2011년에 완공된 KTX 전라선으로 인해서 율촌역에서 여수역 구간이 폐쇄되었다. 여수시는 이 폐선 부지를 매입해 옛철길공원길을 조성했다. 이길은 네 구간으로, 율촌역부터 여천동주민센터까지의 양지바름공원길(3.1km), 무선롯데마트 앞에서 선원동 금호아파트까지의 선원뜨레공원길(2.1km), 쌍봉가도교부터 둔덕동 문치아치교 앞까지의 원학동공원길(3.2km), 둔덕동 문치교부터 오림터널 입구까지의 미평공원길(3.5km)로 나뉘어 있었다. 양지바름공원길로 들어서자, 아왜나무 가로수길이 예쁘게 조성되어 꽃향기를 풍기고 있었고, 교각 밑에서는 칠면조와 오리들이 한가롭게 노닐고 있었다. 아왜나무 가로수길을 지나니 시원한 느티나무 가로수길이 여천동주민센터까지 이어졌다. 여천동주민센터 앞에는 롯데마트 건물이 우뚝 서 있었고, 여기서부터 선원뜨레공원길이 시작되었다. 여수지역 예술작가들이 그린 그림들이 전시되어 있어서 미

아왜나무꽃

여천동주민센터

선원뜨레공원

술작품도 감상하며 아카시아꽃이 만발한 공원길을 봄내음을 만끽하며 걸어갔다.

원학동공원길에 들어서자, 단풍잎 모양의 대왕참나무 가로수길이 나타났다. 대왕참나무는 1936년 베를린 올림픽 때 마라톤 우승자 손기정 선수의 월계관으로 사용되었다고 한다. 기이한 솜털 모양의 섬노린재나무꽃도 처음 구경했다.

여수시 신기동

신기동철길공원   대왕참나무

오늘이 부처님오신날이다. 장덕사 경내에는 연등을 달고 부처님께 가족의 건강과 번영을 빌러 온 사람들로 북적였다. 미평공원도 놀이시설이 잘 갖춰져 있어 어린이들과 많은 관광객들로 북적거렸다. 미평공원 숲은 다양한 수종으로 가꾸어져 있었는데, 특히 측백나무과의 실화백나무 숲이 이국적인 풍취를 자아내어 인상적이었다.

미평공원길을 따라 걸으며 이국적인 아왜나무 가로수길과 메타세쿼이아 가로수길을 지나 여수종합버스터미널에 도착해 트래킹을 마감했다.

이순신광장 부근의 '돌산식당'에서 서대회무침과 갈치조림으로 저녁식사를 했다. 40년 전통의 서대회무침 맛집에서 주인장이 맛있게 먹는 방법을 알려준 덕분에 더욱 맛있게 먹었다. 주인장 가라사대, 상춧잎에 따뜻한 흰쌀밥을 조금 얹고 서대회무침과 갈치속젓을 넣은 다음 상추쌈을 한입 물고 오물오물 씹다가 고추절임으로 입안을 깔끔하게 정리하면 된다고!

장덕사

미평공원

미평공원의 실화백나무

미평공원의 고인돌

NAMPARANG
ROUTE
54

여수종합버스터미널 ~ 여수해양공원

여수세계박람회장을 탐방하고 자산공원에 올라 여수시를 내려다보며

 거리(km)
8.5

 시간(시, 분)
3:30

 도보여행일: 2022년 05월 21일

여수구간

	2.9k 1:00		0.9k 0:20	
여수종합버스 터미널		덕대1교		여수세계박람 회장

2.6k
1:00

	0.6k 0:30		1.5k 0:40	
★ 여수해양공원		하멜기념관		자산공원

남파랑길 54코스 (여수종합버스터미널 ~ 여수해양공원)
여수세계박람회장을 탐방하고 자산공원에 올라 여수시를 내려다보며

여수세계박람회장

이순신광장 부근의 "구백식당"에서 아구찜으로 아침식사를 하고 여수종합버스터미널에서 트레킹을 시작했다. 충민로를 따라 홍가시나무와 종려나무로 조성된 아름다운 가로수길을 걸었다. 덕충주공사거리 부근의 초록빛 담쟁이덩쿨로 뒤덮인 도로벽 풍경이 인상적이었다. 하얀색

충민로

덕충주공사거리 담쟁이벽

과 분홍빛 클로버꽃이 만발한 덕대천변을 따라 걸으며 여수중앙여자고등학교를 지나 여수세계박람회장에 도착했다.

여수세계박람회는 2012년 5월 12일부터 8월 12일까지 93일간 "살아있는 바다, 숨쉬는 연안"이란 주제로 세계 105개국이 참가하여 여수항 일대에서 개최되었다. 이 엑스포를 통해 여수는 크게 성장하여 관광도시로 발전했다. 국제관을 가로질러 여수엑스포역 앞의 연안이 마리오네트 나무인형에 도착했다. 연안이는 여수세계박람회의 주제에서 이름을 따온 것으로 "늙지 않는 영원한 소년"을 상징했다. 엑스포디지털갤러리 거리에서는 여수낭만마켓의 길거리 점포상들이 다양한 수제물건들을 판매하고 있었다.

엑스포광장을 가로질러 여니교를 건너 주제관으로 이동하는 길에 시험운행 중인 자율주행 전기자동차를 만났다. 운전자 없이 전기차가 저절로 운행되는 모습을 보며 미래시대인 4차 산업혁명시대가 머지않아 현실로 도래할 것을 실감했다. 스카이타워, 빅오(Big-O) 조형품과 아쿠아플라넷을 구경하며 수니교를 건너 아름다운 베네치아 호텔 & 리조트, 소노캄 호텔을 둘러보고 오동신항으로 이동했다.

연안이

자율주행전기자동차   빅오

　여수 10경 중의 하나인 오동도는 섬의 모양이 오동잎을 닮았다고 해서 오동도라고 했다. 섬 전체에 동백나무가 숲을 이루어 "동백섬"이라고도 하며, 3월이면 동백꽃이 만발하여 장관을 이룬다고 한다. 방파제 입구에서 동백열차를 타고 섬에 도착해 순환 산책로를 따라 섬을 돌면서 전망대, 용굴, 바람골, 음악분수 등 관광명소를 감상했다. 유람선을 타고 돌산대교와 오동도의 자연경관과 바다를 즐기는 것도 좋은 관광거리다.

　자산공원을 오르며 뒤돌아보니 쭉 뻗은 방파제로 연결된 오동도 전경과 소노캄 호텔이 우뚝 솟아 있는 여수신항 풍경이 한 폭의 그림 같았다. 새해 해맞이 때 여수 사람들이 소원을 비는 일출 명소인 일출정에 올랐다. 각자의 소원을 적어 달아놓은 하트 모양의 우드 팬던트와 이들을 쌓아 만든 탑 조형물이 장관이었다.

오동도

일출정

나무애그릴탑

자산공원에서 이순신장군 동상을 둘러보고 시원스러운 단풍나무 숲 길을 따라 충혼탑으로 내려왔다. 돌산도로 들어가는 거북선대교 아래로 내려오니 전라남도 선거관리위원회에서 설치한 6.1 전국 동시 지방선거 투표함 조형물이 세워져 있었다.

이순신동상

거북선대교

하멜등대

    종포항에 도착해 붉은색의 하멜등대를 감상하고 하멜전시관을 둘러
보았다. 1653년 일본 나가사키로 가던 네덜란드 상인의 배가 폭풍을 만
나 하멜을 포함한 36명이 제주도 해안가에 표류해 14년간 억류생활을
하다가 이곳 종포항에서 탈출해 네덜란드로 돌아갔다고 한다. 고국으로
살아 돌아간 하멜은 하멜표류기를 기술하여 미지의 나라였던 17세기
조선을 최초로 서양인에게 알리게 되었다고 한다. 과거나 현재나 기록
의 힘은 정말 대단하다고 느꼈다.

    종포마을을 지나 여수해양공원의 해양경찰서에서 돌산공원을 오가
는 여수해양케이블카를 구경하며 이번 코스를 마감했다.

NAMPARANG
ROUTE
55

여수해양공원 ~ 소호요트장

소호항과 가덕도 해안의 아름다운 경치를 감상하며 소호동동다리까지

🏃 거리(km)	🕐 시간(시, 분)	📅 도보여행일: 2022년
15.6	5:00	05월 21일~22일

소호동동다리
이충무공 선소유적
소호요트장 ★
몽천진수공원
소경도대합실
여수해양공원
이순신광장
국동항 수변공원

Namparang
≈≈ Route
55
↑5.6km

여수구간

	1.1k 0:20			2.8k 1:00	

여수해양공원　　　　이순신광장　　　　국동항 수변공원

1.4k
0:20

1.8k
0:30

5.4k
2:00

이충무공 선소유적　　　웅천친수공원　　　소경도대합실

1.8k
0:30

1.3k
0:20

★

소호동동다리　　　　소호요트장

남파랑길 55코스 (여수해양공원 ～ 소호요트장)
소호항과 가덕도 해안의 아름다운 경치를 감상하며 소호동동다리까지

여수항

하멜등대 인근의 낭만포차거리에서 이순신광장에 이르는 해안길을 따라 걸으며 여수 10경 중 하나인 "여수 밤바다"를 회상해 보았다. 이 길을 따라 걷는 동안 유람선의 불빛과 돌산공원에서 자산공원을 왕복 하는 여수해양케이블카의 아름다운 모습을 감상할 수 있었다. 낭만포 차거리에서 돌문어해물삼합을 안주로 소주 한잔 기울이며 여수의 밤을 즐기면서, 술이 좋아! 친구가 좋아! 하고 싶었다. 그러나 지금은 아쉽게 도 오후 1시로 밤의 매력을 만끽하기에는 너무 이른 시간이다.

여수해양공원을 걷다가 더위를 식히기 위해 카페에 들러서 시원한 아이스커피를 마시며 잠시 휴식을 취했다. 이어서 고소동의 "고소1004 벽화골목"을 방문했다. 이 골목은 1,004m의 골목길에 엑스포, 바다, 지역 풍경을 소재로 여수의 역사와 문화, 이순신 장군과 수군들의 이야기를

고소1004 벽화마을

담은 벽화로 꾸며져 있어서 주민들의 삶과 공동체 정신을 엿볼 수 있었다.

이순신 광장에 도착하니 대형 거북선 조형물과 이충무공 동상이 방문객을 맞이했다. 여수의 명물인 "이순신 수제버거"를 맛보고 싶었으나 대기하는 줄이 너무 길어서 다음으로 미뤘다.

이순신광장

여수항과 여수연안여객선터미널을 지나 여수수산시장의 건어물 가게에서 아귀포와 멸치를 구입했는데, 아귀포 맛이 일품이었다. 주인아주머니가 얼마나 인심이 좋은지 자꾸만 덤으로 아귀포를 더 주셨다.

남산로를 따라 걸으며 해안풍경, 돌산대교, 돌산공원, 여수수협공판장, 만발한 홍가시나무꽃을 감상하며 국동항 수변공원에 도착했다. 국동항은 남해안 최대 수산물 집산어항으로 많은 어선이 모여 있었다. 수변공원에서는 길거리 버스킹도 열리고 있었다.

여수항

여수수산시장

돌산대교

국동항 수변공원

대경도 대합실에 도착했다. 대경도는 섬 전체가 골프장(세이지우드 CC)으로 조성되었는데 섬 입구에 하모(갯장어) 샤브샤브로 유명한 "경도회관"이 있었다. 하모는 타지역에서는 좀처럼 맛보기 힘든 이 지역의 별미였다.

소경도 대합실을 지나 해안가에 거대하게 서 있는 히든베이(HIDDEN BAY)호텔을 돌아, 언덕을 올라서 신월동 해안산책로로 들어섰다. 남해바다를 감상하며 후박나무 가로수길을 걸었다. 1948년 여순사건을 일으켰던 14연대 주둔지와 철인3종경기인 트라이애슬론경기장을 지나 웅천친수공원에 도착해서 오늘 일정을 마감했다.

신월동해안길

연안식당 해물탕

한일관에서 푸짐한 해산물 한정식으로 저녁식사를 하며 여수 해산물의 진수를 만끽했다.

5월 22일 아침 8시에 여수시청 부근의 연안식당에서 해산물탕으로 아침식사를 했는데 신선한 해산물 국물 맛이 얼큰하고 시원해서 좋았다.

웅천친수공원 해변을 걸으며 '섬섬여수' 사진액자 조형물을 배경으로 인증사진을 찍었다. 예술의 섬 '장도'를 구경한 다음 예울마루 야외조각전 시장에 도착했다. 스페인이 낳은 세계적인 거장 마놀로 발데스의 작품이라는 모자를 쓴 여성 얼굴 조형물을 감상하고, 상큼하게 핀 하얀 인동초꽃을 구경하며 해안가 언덕을 넘어 이충무공 선소유적지로 향해 갔다.

웅천친수공원

장도

예울마루

선소유적지는 이순신 장군이 왜적의 침입에 대비하여 나대용 장군과 거북선을 만든 곳이다. 앞으로는 가덕도와 장도가 방패 역할을 하고 있고, 뒤로는 병사들의 훈련장인 망미산이 자리한 천혜의 요새라고 한다. 선소유적지에는 선박수리, 건조, 피항 목적의 항만시설인 굴강과 배를 메어 두던 계선주가 남아있었다.

후박나무 가로수길을 따라 아름다운 해안가를 걸으며 소호초등학교를 지났다. 소호항에 도착하니 도로변에 '노가리 까는 언니'라는 건어물 가게의 상호가 우리 시선을 사로잡았다. 언니가 까는 것이 노가리인데,

이충무공 선소유적지

노가리 까는 언니

그 노가리가 그 노가리인가? 주인의 기발한 아이디어가 도보 여행자의 발걸음을 멈추게 했다.

옛날 장생포대첩을 기념하는 소호동동다리를 거닐며 아름다운 해안가 풍경을 감상했다. 동백꽃과 기타의 하트 조형물에서 멋진 인증사진도 찍고, 해안가에서 인상적인 조형물인 '감기 걸린 동상'을 만났다. 살랑살랑 바람 부는 봄날에 해안가로 산책 나와, 독서를 하며 은은하게 미소 짓는 중년여성의 조각상으로 이름도 재치가 넘쳤다. 소호요트장에 도착해 일정을 마감했다.

여수소호요트장

감기 걸린 동상

NAMPARANG
ROUTE
56

소호요트장 ~ 윈포마을 정류장

화양로의 해안경치와 함께하는 평온한 산책

🏃 거리(km) 14.3	🕐 시간(시, 분) 4:20	📅 도보여행일: 2022년 05월 22일

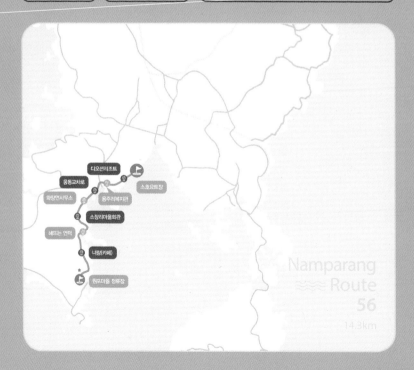

여수구간

	0.9k 0:20		2.4k 0:40	
소호요트장		디오션리조트		용주리복지관

1.5k
0:30

	1.8k 0:30		0.6k 0:10	
소장리마을회관		화양면사무소		웅동교차로

4.1k
1:20

	1.7k 0:30		1.3k 0:20	★
해뜨는 언덕		너랑(카페)		원포마을 정류장

남파랑길 56코스 (소호요트장 ~ 원포마을 정류장)
화양로의 해안경치와 함께하는 평온한 산책

안포마을

디오션리조트

소호요트장을 지나 먼나무 가로수길을 걸어갔다. 나무마다 주렁주렁 달린 붉은 열매를 감상하면서 걷다 보니 디오션리조트 부근의 해안가에 있는 등나무 벤치에 도착했다. 남해바다에서 불어오는 시원한 바람을 맞으며 잠시 쉬면서 해안풍경을 즐겼다. 바다의 넓은 품과 파란 하늘이 어우러진 광경에 가슴까지 시원했다.

송소어촌마을을 지나 언덕 위로 올라서니 자갈밭에 옥수수가 풍성하게 자라고 있었다. 양귀비밭에는 붉은 양귀비꽃이 만발해 있었고, 정상부근 삼거리에서는 용주할머니장터가 열리고 있었다. 싱싱한 옥수수

송소마을

용주리 양귀비밭

용주할머니장터

를 사고 싶었지만 아직 갈 길이 너무나 멀어 다음 기회로 미루고 용주마을로 내려갔다.

용주리 고외마을과 용주리복지관을 지나 웅동교차로에 도착했다. 다복요양원을 지나 화양면사무소 부근의 '청마루'에서 낙지볶음으로 점심식사를 했다. 매콤한 맛이 입안을 자극했다. 주인 아저씨가 반찬을 내오시는데 다리가 조금 불편해보여 도와드리려 했으나 반가워하지 않는 눈빛이어서 그만 멈췄다. 친절도 병인양 하여?

마삭줄, 당아욱, 천년초, 개복숭아, 정향나무 등 다양한 꽃들을 감상하며 나진마을을 지나 소장동 고개를 넘어 소장리 마을회관에 도착했다. 가막만의 발통기미와 굴구지를 지나 여수 챌린지파크 관광단지 공사장을 거쳐 소장천 배수문 방조제에 이르렀다. 여기는 민물과 바닷물이 만나는 곳으로 기수갈고둥 서식지를 보호하자는 표지판이 세워져 있었다. 맞은편 언덕에는 김녕김씨인 '김용기 묘원'이 대단위로 조성되어 있었다.

천년초

발통기미

굴구지길

　　굴구지길에서 잠시 바다를 바라보며 휴식을 취한 다음 원포터널 넢 언덕을 올라 벨르펜션(해뜨는언덕)에 도착했다. 드메르펜션과 해안가의 남해바다 뷰가 장관인 마린테라스를 거쳐 정원이 아름다운 카페 '너랑'에 도착했다. 이곳 주차장은 연인들과 가족들로 가득 차 있었다.

벨르펜션

마린테라스

너랑(카페)

굴개길을 따라 걷다가 원포굴개포구로 들어서니 멋진 현대식 건물의 카페인포가 나타났다. 이 외딴 어촌마을에 이렇게 큰 카페가 있을 줄은 상상도 못했다. 과연 몇 명의 손님이 찾아올까 하는 걱정이 들기도 했지만 그만큼 이곳이 특별하다는 느낌노 들었다.

마지막으로 가파른 고개를 넘어 토종닭들이 뛰노는 들판을 지나 원포마을 버스정류장에 도착해서 일정을 마감했다.

아직 5월의 초여름인데도 태양볕이 따갑고 온몸이 땀으로 범벅이 되었다.

NAMPARANG
ROUTE
57

원포마을 정류장 ~ 서촌삼거리

봉화산 활공장에서 여수백리섬섬길과 남해 다도해 풍광을 감상하며

🚶 거리(km)
18

🕐 시간(시, 분)
5:00

📅 도보여행일: 2022년 06월 06일

서촌삼거리

대서이재

산촌마을회관

고봉산전망대 입구

원포마을 정류장

이목리 마을회관

봉화산 임도

천동마을

여수자매로 캠핑장

Namparang
≋ Route
57
18km

★ 꼭 들러야 할 필수 코스!

여수구간

2.3k
0:40

2.7k
0:40

원포마을 정류장　　봉화산 임도　　고봉산전망대 입구

3.8k
1:00

1.1k
0:20

0.4k
0:10

전동마을　　산전마을회관　　여수자매로 캠핑장

1.5k
0:20

2.7k
0:50

3.5k
1:00

이목리 마을회관　　대서이재　　서촌삼거리

남파랑길 57코스 (원포마을 정류장 ~ 서촌삼거리)
봉화산 활공장에서 여수백리섬섬길과 남해 다도해 풍광을 감상하며

이목마을

6월 5일, 새벽에 일어나 창밖을 보니 비가 주룩주룩 내리고 있었다. 일기예보에 오늘 하루 종일 비가 온다고 한다. 비를 맞으면서 트레킹을 하면 옷도 젖고 신발도 질척거리고 사진 촬영도 어렵다. 그래서 오늘은 남파랑길 트레킹을 생략하고 여수~고흥 간 연륙교 여행길인 '여수섬섬 백리길'을 탐방하기로 했다. '여수섬섬백리길'은 여수 화양면에서 고흥 영남면 사이의 4개 섬인 조발도, 둔병도, 낭도, 적금도를 화양조발대교, 둔병대교, 낭도대교, 적금대교, 팔영대교의 5개 다리로 연결한 환상적인 바닷길 드라이브 코스다.

섬 곳곳을 둘러본 다음 적금휴게소에서 커피도 한잔했다. 팔영산자 연휴양림으로 이동해 팔영산 편백 치유의 숲을 거닐었다. 햇옥수수를 사 먹고 여유로운 우중 여행을 즐긴 다음 한일관에서 해산물 한정식으

여수섬섬백리길

로 맛있는 저녁식사를 했다.

다음 날인 6월 6일, 현충일 연휴를 맞아 여수시청 부근의 연안식당에서 꼬막뚝배기 비빔밥으로 아침식사를 했다. 원포마을을 출발하여 봉화산으로 향하는 도로변에서는 탱글탱글한 명감나무 열매와 붉은 산딸기가 눈길을 끌었다. 가파른 오르막길을 올라 소나무 숲길을 지나니 봉화산 임도에서 디오션CC와 함께 다도해의 풍광이 마치 한 폭의 그림처럼 펼쳐졌다. 활공장에 도착하니 몇몇 젊은이들이 어제 저녁때 내린 비를 맞으면서 비박을 한 것 같았다. 활공장에서 내려다보는 다도해 섬들과 연륙연도교로 연결한 여수섬섬백리길, 장등해수욕장의 아치형 모래 해변의 풍광이 정말로 장관이었다. 저 멀리 고흥의 팔영산도 한눈에 들어왔다. 풍광이 너무나 환상적이어서 감탄사를 연발하며 기념사진을 찍었다.

원포마을   봉화산 임도에서 바라본 다도해 풍경

봉화산 활공장에서 바라본 여수섬섬백리길

고봉산 임도의 아름다운 벚나무숲길을 지나 이목안포로를 따라 내려갔다. 흑염소 떼가 아스팔트 도로 바닥에 앉아 있는데 우리가 지나가니 어미 흑염소가 새끼들을 데리고 길을 비켜주었다. 도로변에는 노란 금계국이 지천으로 피었고 오리나무에도 새로운 열매들이 주렁주렁 달렸다. 금계국과 오리나무를 감상하며 여수자매로 캠핑장을 지나 산전마을로 내려갔다.

고봉산임도

여수자매로 캠핑장

산전마을

구미제

전동마을 팽나무

    산전마을 경로당을 지나고 구미제 저수지를 돌아 전동마을에 도착했다. 전동마을에 들어서니 팽나무 한 그루가 세월의 연륜을 뽐내듯 고풍스럽게 뒤틀린 자태로 서 있었다. 수많은 풍파에도 모든 역경을 이겨내고 꿋꿋하게 서 있는 팽나무가 우리에게 힘든 순간들을 지혜롭게 이겨내라고 말해주는 것 같았다.

이목마을

    이목마을은 조용하고 아늑한 어촌마을로 언덕을 개간하여 옥수수를 많이 심어놓았다. 남해바닷가 서이산 자락 아래 위치한 서연마을 골목길을 걷는데 붉은 석류꽃과 비파열매, 보리수나무 열매가 탐스럽게 열려있었다. 서우개길를 따라 소서이마을을 지나 서이산 숲길로 들어섰다. 대서이재를 넘어 벚나무 터널을 지나 서촌마을 너른 들판에 도착했다.

서연마을

비파

소서이마을

서촌마을

 산비탈의 너른 들판에는 옥수수들이 무럭무럭 자라고 있었고 논에
는 물을 대고 모심기를 하느라 분주했다. 서촌삼서리의 시촌리시 부소에
도착해 일정을 마감했다. 귀갓길에 광양의 '대한식당'에서 광양숯불고
기로 저녁식사를 하며 즐거운 시간을 보냈다.

NAMPARANG
ROUTE
58

서촌삼거리 ~ 소라면 가사정류장

808m 해양데크길 따라 여자만의 풍경을 감상하며

🏃 거리(km)
15.4

🕐 시간(시, 분)
5:20

📅 도보여행일: 2022년 06월 18일

★ 꼭 들러야 할 필수 코스!

여수구간

4.5k
1:20

1.5k
0:30

서촌삼거리

마상마을회관

감도교회

2.9k
1:10

2.7k
1:00

0.5k
0:10

이천교회

소옥마을회관

소옥제

0.8k
0:20

1.9k
0:40

0.6k
0:10

오천마을회관

가사리방조제

소라면
가사정류장

남파랑길 58코스 (서촌삼거리 ~ 소라면 가사정류장)
808m 해양데크길 따라 여자만의 풍경을 감상하며

감도마을

서촌마을

서촌삼거리에서 출발하여 부산에서 온 남파랑길 도보 여행자들과 가볍게 인사를 나누며 마을 앞 들판을 걸었다. 6월 중순의 풍경 속에서 벼가 무럭무럭 자라는 것을 보니 아늑하고 평화로운 농촌 풍경이 마음을 평온하게 해주었다.

들판에 핀 감자꽃과 하얀 개당귀꽃을 감상하며 옥적수문 방향으로 걸었다. 옥적물맞이골 대왕돈까스 음식점을 지나고 고개를 넘어 마상마을에 도착했다. 마을 주변의 비탈은 옥수수밭으로 가득 차 있었고 담쟁이넝쿨이 빨간 집 앞 텃밭을 휘감았다. 노란 오이꽃, 수세미꽃, 토마

토꽃이 예쁘게 피어 있었고 붉은 고추들도 주렁주렁 달려있었다. 뙤약볕 아래로 드넓은 옥수수밭 언덕길을 힘겹게 오르자, 여자만의 아름다운 석양을 구경할 수 있는 감도마을이 나타났다. WOW 펜션과 아름다운 해안선이 어우러져 한 폭의 그림 같은 풍경을 자아냈다. 붉은 복숭아가 주렁주렁 달린 풍경을 감상하며 감도마을 등나무 쉼터에서 시원한 물과 과일로 점심식사를 했다.

감도마을

감도마을 등나무쉼터

감도교회를 지나 시원한 숲길을 걷다 보니 바닥이 다 드러난 소옥제 저수지가 나타났다. 소옥제 저수지의 모습에서 올해의 가뭄을 실감할 수 있었다. 소옥마을회관을 지나 고추밭과 마을 풍경을 감상하며 고개를 넘어 이천마을에 도착했다.

소옥마을

소옥제

이천마을

이천교회를 지나는데 한 농부가 트랙터로 옥수수밭을 갈아엎고 있었고, 돌배나무에는 돌배가 주렁주렁 달려있었다. 해안경치를 감상하며 해안길을 따라 오천마을회관 앞 팽나무 쉼터에 도착하니 마을 어르신들이 시원한 바닷바람을 맞으며 쉬고 계셨다. 우리도 바닷바람에 몸과 마음을 맡기고 평상에 드러누워 한잠 자고 싶은 생각이 들었다. 팽나무 쉼터 바로 앞 바다에는 손에 닿을 듯 가까운 섬이 하나 있었다. 마을 어르신께 "어르신! 저 앞에 있는 섬은 배를 타고 건너가나요? 아니면 부교를 띄워 건너 가나요?"라고 물었더니 한 할머니께서 쿨~하게 말씀하셨다. 썰물 때 바닷물이 빠지면 섬이 육지와 연결되니 "그냥 걸어서 건너가면 돼!"라고.

하하하, 한바탕 신나게 웃고 나서 펜션단지로 이동했다.

옥천로

펜션단지

오천마을

　해안가 주변으로 아름다운 펜션들이 옹기종기 모여 있는 곳을 지나 808m 해상 데크길로 접어들었다. 데크길을 걸으며 바다 위로 튀어 오르는 숭어들을 구경했다. 이 광경은 마치 서울대공원에서 돌고래쇼를 보는 것 같았다. 여자만은 장어로도 유명하다.

해상데크 808m

해상 데크길을 통과해 가사리방조제에 도착했다. 오랜 가뭄과 폭염으로 갯벌이 바둑판처럼 쫙쫙 갈라져 있었다. 가사리생태공원을 둘러보고 소라면 가사정류장에서 이번 여정을 마감했다.

가사리방조제

가사리생태공원

소라면 가사정류장 ~ 궁항마을회관

여자만 갯노을길에서 달천도와 시골 풍경을 만끽하며

거리(km)
8.3

시간(시, 분)
2:30

도보여행일: 2022년
06월 18일~19일

여수구간

	0.7k 0:10		1.3k 0:30	
소라면 가사정류장		기쁜노인 요양원		복산2구 마을회관

3.5k
1.00

	1.9k 0:30		0.9k 0:20	
궁항마을회관		복산보건진료소		달천교

NAMPARANG
ROUTE
59

남파랑길 59코스 (소라면 가사정류장 ~ 궁항마을회관)
여자만 갯노을길에서 달천도와 시골 풍경을 만끽하며

섬달천

    6월 18일 오후 3시 20분, 소라면 가사정류장에서 관기길과 대곡해
안길을 따라 여자만의 넓은 갯벌과 구불구불한 리아스식 해안이 펼쳐
진 '여자만 갯노을길'을 걸었다. 부산에서 온 남파랑길 도보꾼들과 가볍
게 인사를 나누고, 기쁜노인요양원을 지났다. 아담하고 예쁜 대곡마을에
도착하니 그 평화롭고 소박한 풍경이 마음에 평온함을 가져다주었다.

여자만 갯노을길

기쁜노인요양원

대곡마을

　복산2구 마을회관에서 오늘의 여정을 마감하고, 국동항 부근에 있는 자매식당에서 저녁식사를 했다. 여자만 일대에서 갯장어가 많이 잡혀서, 국동항 주변에는 하모샤브샤브, 장어회, 장어구이, 장어탕 등, 갯장어를 전문으로 하는 식당들이 많이 모여 있었다. 장어구이와 장어탕을 시켜 신선한 맛과 얼큰한 국물로 여행의 피로를 씻었다.

　6월 19일 일요일 오전 8시 30분, 복산2구 마을회관을 출발해서 '소라면 추억의 고향길'로 알려진 갯노을길을 따라 걸었다. 여자만 갯벌에 비친 맞은편 산의 형태가 데칼코마니처럼 반영된 풍광이 마치 수묵화를 보는 듯 아름다웠다. 해안풍경을 감상하며 달천길을 따라 걸었다. 운

두도 맞은편 쉼터에 설치된 액자형 자전거 조형물과 하트모양의 손 조형물이 우리의 눈길을 끌었다. 'wish'라는 작품명의 하트모양 손 조형물은 여자만의 노을을 바라보며 우리들의 사랑이 이루어지길 염원하는 듯했다.

갯노을길 데칼코마니

갯노을길 자전거 조형물

갯노을길 손 조형물

붉은 노을 자전거 여행길

달천길 ·   달천마을

　섬달천은 섬 모양이 둥근 달 모양으로 생겼다고 해서 도월천이라고
도 했다. 달천마을은 섬달천을 달천교로 육지와 연결하여 여자만 너른
갯벌을 끌어안고 있는 소박한 어촌마을이었다. 달천마을 앞 해안가 초
입에는 사각형 모양의 우물 같은 조형물이 있었었는데, 어촌주민들이
뻘배나 긴 장화를 신고 갯벌에서 조개 등을 채취하고 밖으로 나올 때
신발과 옷에 묻어 있는 진흙을 씻는 곳이라고 한다. 자연현상인 조수간
만의 차를 이용해서 바닷물을 이용하는 어민들의 삶의 지혜가 경이로
웠다.
　하느재길을 걷는 동안 녹두꽃이 만발한 밭과 땅두릅이 무성하게 자
란 모습을 감상했다. "새야, 새야 파랑새야 녹두밭에 앉지 마라. 녹두꽃
이 떨어지면 청포 장수 울고 간다."라는 옛노래를 흥얼거리며 트레킹을
이어갔다. 석류, 복숭아, 살구 등의 과일이 주렁주렁 매달린 모습과 해
바라기꽃의 화려한 풍경은 길을 걷는 내내 눈을 즐겁게 해주었다. 좀처

럼 보기 드문 태산목도 흰 꽃을 피워 위용을 자랑했다. 밭에서 일하시던 아주머니가 고생한다면서 비파 열매를 한 바구니 따 주셨다. 모처럼 먹어보는 과일이라 신기하기도 했고 맛도 별미라 마음껏 먹고 배낭에도 가득 담았다. 감사한 마음으로 빵과 과자를 모두 털어 아주머니께 드렸다.

하느재마을

녹두꽃

하느재길

궁항마을회관에 도착했다. 피부가 따가울 정도로 폭염이 심했다. 이
제 겨우 오전 10시 30분밖에 안 되었는데 폭염으로 아스팔트에서 뜨거
운 열기와 함께 아지랑이가 피어오른다. 휴~우~~. 또 가보자!

궁항마을

NAMPARANG
ROUTE
60

궁항마을회관 ~ 와온해변

유채꽃이 만발한 반월마을에서 초당옥수수와 자수정 찰보리를 맛보고

 거리(km)
14.6

 시간(시, 분)
5:00

 도보여행일: 2022년 06월 19일

★ 꼭 들러야 할 필수 코스!

여수구간

	2.2k 0:50		5.0k 1:50	
궁항마을회관		장척마을 노을쉼터		봉전마을 회관

5.4k
1:50

	1.3k 0:20		0.7k 0:10	
★ 와온해변		용화사		두봉교

남파랑길 60코스 (궁항마을회관 ~ 와온해변)
유채꽃이 만발한 반월마을에서 초당옥수수와 자수정 찰보리를 맛보고

갯노을길

마을의 생김새가 활과 같은 형상이고, 바다 한가운데 병 모가지처럼 쑥 붉거졌다고 하여 궁항마을이라고 했다. 궁항마을은 석양이 아름다운 작은 어촌마을로 가을 전어로 유명하며 넓은 갯벌에서 참꼬막과 바지락 등 다양한 패류를 생산한다고 한다.

해안을 따라 펼쳐진 갯노을길을 걸으며 리베라 펜션단지를 지나 일몰이 유명한 장척마을에 도착했다. 마을 앞에는 복개도, 장구도, 모개도라는 세 개의 무인도가 있었고, 바다 건너편으로 순천이 가까이 보였다. 갯벌에는 맨손으로 고기를 잡을 수 있는 넓은 사각형 모양의 맨손 고기잡이 체험장이 있었다.

장척마을의 노을쉼터는 여자만으로 넘어가는 낙조를 감상하기에 최적의 장소였다. 복개도를 배경으로 해안 주변에 잘 조성된 돛단배, 별문양, 그믐달 조형물들이 아름다운 분위기를 더해주었다. 느티나무 아래 평상에서 잠시 휴식을 취하며 폭염을 피해 아이스크림을 사서 맛있게 먹었다. 내가 가장 좋아하는 메로나 두 개를 단숨에 먹으며 느낀 행복은 무엇과도 비교할 수 없었다.

갯노을길

장척마을 노을쉼터

장척마을 노을쉼터 그믐달

해넘이길

올랑올랑 소라면

　갯벌노을마을의 갯벌에 서식하는 대추귀고둥, 흰발농게, 갯게, 기수
갈고둥에 대한 해설판을 읽으며 걷다 보니 무지개 블록이 아름다운 '올
랑올랑 소라면' 무지개 해안도로길인 '해넘이길'에 도착했다. 여자만의
파란 바다와 해넘이길이 어우러져 환상적인 풍광을 자아냈다.

　진목마을에 들어서니 해안가 주변에 꼬막양식용 그물망과 대나무
다발들이 많이 눈에 띄었다. 이곳에서는 대나무를 잘라 양쪽에 세우고
검은 그물을 설치하여 여기에 꼬막 씨들이 달라붙어 양식한다고 한다.

진목마을

해넘이길

　　해넘이길을 따라 걷다가 505m 해상데크와 상록수요양원을 지나 봄철 유채꽃밭으로 유명한 반월마을에 도착했다. 마을 정자 주변을 둘러보고 마을쉼터에서 잠시 쉬는데 동네 아주머니가 초당 옥수수를 방금 옥수수밭에서 따오셔서 먹어보라고 주신다. 삶지 않고 과일처럼 생으로 먹는다고 해서 의아해하며 생옥수수를 먹어보았더니 아삭한 식감과 톡톡 튀는 사이다 맛이 먹을 만했다.

　　여수 화양면 일대에서 지역특산물로 초당 옥수수를 많이 재배한다고 하며, 초당 옥수수는 3가지 색깔이 있고, 2월 중순경에 파종해 6월 중순경에 수확한다고 한다. 아주머니가 이 지역의 특이작물로 자수정

반월마을   자수정 찰보리

찰보리도 재배한다면서 쌀과 혼합해서 밥을 지어 먹으면 건강에 좋다고 하여 3봉을 구입했다. 초당 옥수수는 택배로 주문해서 구입하기로 하고, 아주머니와 작별 인사를 했다. 좋은 농특산물을 구입해서 좋았고, 아주머니의 기발한 상술에 감탄했다.

　비닐하우스 안에 주렁주렁 매달린 단호박을 감상하며 내리마을을 지나 봉전마을로 들어섰다. 봉전마을회관과 광암마을을 지나 소뎅이길을 따라 걸었다. 여자만 해안에 옹기종기 떠 있는 배들의 모습이 논 자락과 어울려 한 폭의 그림 같았다. 1,120m 해상데크길을 걸으며 사진도 찍고 여자만 일대와 맞은편 순천 산자락의 경치도 감상했다.

소뎅이길

해상데크 1,120m

    여자만 앞바다 곳곳에서 튀어 오르는 숭어들을 구경하며 갯벌과 낙조가 아름다운 두봉마을의 두랭이길을 걸었다. 다리를 경계로 여수와 순천지역으로 나뉘는데, 다리 옆 대광횟집에서 생우럭 매운탕으로 늦은 점심식사를 했다.

    천마산 기슭의 용화사를 둘러보며 노랗게 활짝 핀 천년초를 감상하고, 와온해변에 도착해 오늘의 일정을 마감했다.

두랭이길

와온해변

와온해변 ~ 별량화포

용산전망대에서 순천만공원의 갈대숲 풍광에 빠져

 거리(km)
14.1

 시간(시, 분)
5:00

 도보여행일: 2022년 07월 02일

Namparang
≋ Route
61
14.1km

	3.6k 1:30		1.5k 0:30	
와온해변		용산전망대		갈대군락지

1.2k 0:30

0.7k 0:10		2.5k 0:50	
인안교		철새서식지		순천만쉼터

0.7k 0:10

	0.6k 0:10		3.3k 1:10	
갯벌관찰장		장산마을회관		별량화포

남파랑길 61코스 (와온해변 ~ 별량화포)
용산전망대에서 순천만공원의 갈대숲 풍광에 빠져

순천만갈대숲

61코스 안내판

와온항의 와온슈퍼 앞에 세워진 61코스 안내표지판 앞에서 인증사진을 찍는데 부산에서 온 남파랑길 도보팀을 다시 만났다. 지난주에도 만났던 팀이라 무척 반가워서 서로 격려해 주고 와온항으로 출발했다.

와온소공원을 지나며 와온해변의 조형물을 배경으로 기념사진을 찍고 여자만 바다를 바라보며 해안데크길을 따라 걸었다. 순천만칠게빵카페와 일몰전망대를 지나면서 가야농장에서 다채로운 꽃들을 감상했다. 순천만갯벌은 짱뚱어, 칠게, 농게와 함께 붉은색의 칠면초 및 초록

와온소공원

와온해변

가야농장

순천만의 염생식물

빛 갈대로 가득했다. 붉게 익어가는 탐스러운 해당화 열매를 감상하며
해룡구동을 지나 용산전망대에 도착했다.

　용산전망대에서 바라보는 순천동천과 순천만공원 일대의 경치가 마
치 한 폭의 그림 같았다. 겨울이었다면 흑두루미도 날고 붉게 물든 칠면
초와 황금빛 갈대기 장관이었을 텐데 한여름이라 조금 아쉬웠다.

용산전망대에서 바라본 순천만공원

　순천만은 하천과 개울이 모여 넓게 펼쳐진 갯벌과 나지막한 산이 어우러져 다양한 생태계를 형성하고 있었다. 2006년 우리나라 연안습지 최초로 국제습지보호협약인 람사르협약에 등록되었다고 한다.

　순천만에는 순천만 9경이 있었다.

　제1경, 바람에 포개지는 '30리 순천만 갈대길'

　제2경, 바다와 강이 만나는 'S자 갯골'

　제3경, 바다의 검은 속살 '갯벌'

　제4경, 둥글게 둥글게 '원형 갈대 군락'

　제5경, 대대포구 새벽안개 '순천만 무진'

제6경, 순천만 겨울 진객 '흑두루미'

제7경, 갯벌 속에 빠진 해 '와온 해넘이'

제8경, 소원을 빌어봐 '화포 해돋이'

제9경, 순천만의 화려한 미소 '칠면초'

용산전망대를 내려와 시원한 소나무 숲길을 거쳐 솔바람다리와 갯바람다리를 건넜다. 출렁다리를 건너 마지막 화장실을 지나 광활한 갈대숲 탐방로로 접어들었다. 많은 관광객이 폭염에도 불구하고 초록빛 갈대밭에서 사진을 찍느라 분주했다. 갈대숲 탐방로를 지나며 순천만 갈대군락지의 풍경을 만끽했다. 순천만쉼터에 도착했는데 마땅히 점심 식사할 식당을 찾지 못해서 시원한 팥빙수로 식사를 대신했다. 남파랑길을 하며 겪은 고충 중 하나로, 점심식사 때 짜장면을 먹고 싶어도 그 흔한 중국집 하나를 찾기가 매우 힘들었다.

솔바람다리

갈대숲 탐방로

순천만습지

순천만쉼터

갈대체험관과 순천만공원 일대를 둘러본 후 아름다운 능소화터널을 지나 낭만연인길로 들어섰다. 연인과 함께 그윽한 바다 향기를 맡으며 갈대와 철새를 보며 걷는 길이라고 한다. 제방둑길을 따라 끝없이 펼쳐진 순천만 갈대군락지를 감상하며 순천만 탐조대를 지나 둑길을 걸으며 만개한 망초꽃을 감상했다. 별량장산을 지나는데 한 어부가 홀치기 낚시로 짱뚱어를 잡고 있었다. 찌는 듯한 폭염에 온몸이 진흙으로 뒤범벅이 된 채로 홀치기낚시에 몰입하고 있는 어부를 보면서, 과연 몇 마리나 잡을까? 저렇게 잡아서 짱뚱어탕이라도 끓여 먹을 수 있을까? 궁금해하며 지나갔다.

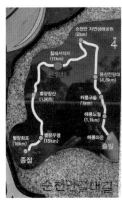
순천만갈대길

순천만제방둑길

짱뚱어낚시

짱뚱어조형물

인안교와 갯벌관찰장을 지나 장산마을에 도착해서 본 짱뚱어조형물이 매우 인상적이었다. 이 지역에는 짱뚱어탕을 전문으로 하는 식당들이 많았으나, 모양이 징그럽고 익숙하지 않아 시식은 생략하고 트레킹을 이어갔다.

끝없이 펼쳐지는 갯벌, 자두와 석류 열매, 도라지, 해바라기, 참깨꽃 등을 감상하며 우명마을회관을 지났다. 별량화포해안길을 걸으며 우명마을 앞바다에 쌓아놓은 꼬막양식용 그물망과 갯벌에 꽂힌 대나무들을 바라보며 꼬막양식장의 규모가 대단함을 느꼈다. 화포마을에 도착하니 마을 앞 해안가에서 어부해안길 데크공사가 한창이었다. 소망탑을 바라보며 별량화포에서 오늘의 여정을 마감했다.

꼬막양식그물

인안교 ~ 인안교

순천만 갈대습지 우회로인 신풍마을 농로를 걸으며

🏃 거리(km)	🕐 시간(시, 분)	📋 도보여행일: 2022년 09월 17일
6.3	2:20	

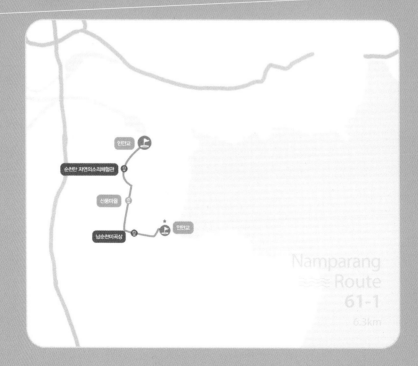

인안교

순천만 자연의소리체험관

신풍마을

남순천마곡상

인안교

Namparang
Route
61-1
6.3km

순천구간

2.8k
1:00

1.0k
0:20

인안교

순천만 자연의소리
체험관

신풍마을

1.1k
0:30

1.4k
0:30

인안교

남순천미곡상

남파랑길 61-1코스 (인안교 ~ 인안교)
순천만 갈대습지 우회로인 신풍마을 농로를 걸으며

신풍마을 황금 들판

흰발농게

61-1구간은 겨울철, 즉 10월부터 4월까지 철새 보호를 위해 폐쇄되어 그 시간에는 신풍마을을 통해 우회해야 하는 구간이다. 인안교에서 시작하여 제방둑길을 따라 순천만쉼터 방향으로 트레킹을 시작했다. 햇살이 따가웠지만 제방둑길을 걸으며 흰발농게와 짱뚱어들이 득시글거리는 순천만갯벌을 바라보는 것은 여전히 즐거웠다. 7월에 보았던 그 어부가 오늘도 홀치기낚시로 짱뚱어를 잡고 있었다. 또 만난 것이 반가워서 헛웃음이 절로 나왔다.

아침부터 어르신들이 예초기로 순천만 제방둑길을 정비하느라 분주

순천만 제방둑길   순천만 자연생태공원의 갈대

했다. 깔끔하게 정돈된 둑길을 걸으며 가을이라 누렇게 물들어 가는 갈대들과 칠면초로 붉게 물든 갯벌의 경치도 감상했다. 신풍마을 앞 너른 평야에서 벼가 익어가는 황금빛 물결이 장관이었다.

철새서식지 순천만 탐조대를 지나며 순천만 자연생태공원의 갈대 풍광을 감상했다. 순천만습지 입구에 도착해 우회로인 61-1코스를 따라 신풍마을로 들어섰다. 너른 들판에 펼쳐진 황금빛 물결이 보는 이로 하여금 감탄을 자아냈다. 튼실하게 익어가는 벼 이삭들을 새들로부터 보호하기 위해 세워둔 허수아비들의 자태가 익살스러웠다.

순천만 탐조대

순천만 갈대군락지

　전형적인 농촌 풍경을 즐기며 신풍마을에 도착해 마을 풍경을 감상
했다. 농로를 따라 걷다가 미나리꽝에서 한 농부가 물이 질퍽한 논에서
미나리를 심는 광경을 구경했다. 논에 물을 가둔 다음 미나리를 물 위에
펼쳐두면 미나리 마디마디에서 뿌리가 나와 논바닥에 안착해 풍성하게
자란다고 한다. 주변을 둘러보니 대단위 미나리꽝에서 싱싱한 미나리들
이 무럭무럭 자라고 있었다. 비닐하우스 안에서도 미나리가 풍성하게
자라고 있었다.

신풍마을

미나리꽝

　벼들이 누렇게 익어가는 들판을 걸으며 김치공장인 남순천미곡상을 지났다. 인안교로 회귀하여 이번 트레킹을 마쳤다.

NAMPARANG
ROUTE
62

별량화포 ~ 부용교 동쪽 사거리

꼬막의 고장, 여자만 연안의 벌교 갯벌길을 걸으며

 거리(km)
23.1

 시간(시. 분)
7:00

 도보여행일: 2022년 07월 03일

★ 꼭 들러야 할 필수 코스!

South Sea of Korea
Namparang Trail Route Information
90 routes 1,470km

1.5k 0:30		1.4k 0:20
별량화포	죽전방조제	창산마을회관

1.8k
0:30

6.3k 2:00	2.8k 0:50	
동초교	덕산수문	거차뻘배체험장

2.9k
1:00

1.6k 0:30	4.8k 1:20	
호동방조제	벌교갯벌체험관	부용교 동쪽 사거리

남파랑길 62코스 (별량화포 ~ 부용교 동쪽 사거리)
꼬막의 고장, 여자만 연안의 벌교 갯벌길을 걸으며

중도방죽산책로

'내가 돈은 없어도 입은 관청에 가 있다' 벌교 택시 기사님의 말씀이다. 입맛이 꽤 고급이며 맛집 탐방에는 일가견이 있다는 재치 있는 입담에 웃음이 팡 터졌다.

여수반도와 고흥반도 사이 여자만 일대에 자리한 보성군 벌교의 갯벌과 여수시 및 고흥군의 갯벌은 남해안에서 꼬막을 주로 생산하는 곳이다.

꼬막은 겨울철인 11월부터 생산을 시작해 12월부터 3월까지가 제철이다. 참꼬막, 새꼬막, 피꼬막의 세 가지 종류가 있는데, 참꼬막은 크기가 가장 작고 표면에 털이 없으며 골의 수가 17에서 18개 정도다. 갯벌에 씨를 뿌린 후 3~4년 뒤에 수확하는 탓에 양이 적고 가격이 상당히 비싸다.

새꼬막은 크기가 조금 크고 표면에 털이 있으며 골의 수가 30에서 34개 정도 되고 바다에서 대량으로 양식해 비교적 가격이 저렴하다.

피꼬막은 손바닥 절반 정도 크기로 골의 수가 39에서 44개 정도 되며 털이 있고 속살이 붉은 편이다.

벌교 일대에는 외서댁 꼬막나라, 태백산맥 꼬막맛집, 정가네 원조꼬막회관, 고려회관, 원조꼬막식당, 국일식당, 역전식당, 종가집꼬막회관 등 꼬막요리 전문점이 즐비하다. 어느 집이든 꼬막 정식을 주문하면 꼬막회무침, 꼬막전, 꼬막탕수육 등 한 상 가득 차려져 나온다.

벌교역에 주차하고 대박회관에서 아침식사를 했다. 꼬막은 구정에서 정월대보름 사이가 절정이고, 낙지는 가을 낙지로 10월 초가 제철이라고 한다. 지금은 붕장어, 병어, 맛조개가 제철이라고 해서 붕장어볶음과 병어구이를 주문했다. 매콤하고 담백한 맛이 일품이었고, 주인아주머니가 친절해서 좋았다.

붕장어볶음   병어구이

별량화포

　일출소망탑이 있으며 일출과 쪽빛 바다가 만난다는 화포해변에서
해안풍경을 감상했다. 이곳은 남도삼백리길의 남도문화길 중 '꽃산 너
머 동화사길'을 일부 포함하는 구간이다. 화포에서 무풍리로 이어지는
해안의 연안습지에는 칠면초와 나문재 등 다양한 염생식물과 낙지, 주
꾸미, 꼬막, 칠게, 짱뚱어, 맛조개 등이 서식하고 있었다. 순천만갯벌은
2018년 7월에 유네스코 생물권보전지역으로 지정되었다고 한다.

　별량화포해변을 지나 죽전방조제를 따라 걸으며 죽전마을과 순천만
갯벌을 감상했다. 꼬막양식용 장비가 곳곳에 쌓여 있었다. 창산마을회
관을 지나는데 분홍빛 접시꽃이 만개했다. 고장방조제를 오르는데 길옆

죽전방조제   죽전방조제   꼬막양식 그물

의 측백나무에 측백나무 열매가 무수히 달려있다. 일반적으로 자연환경
에 큰 변화가 올 것 같으면 식물들이 자기 종족 번식을 위해 많은 열매
를 맺는다고 하는데, 행여나 지구에 큰 위험이 도래하지나 않을지 걱정
이 되었다.

　거차길을 걸으며 뻘배도 구경하고 타보기도 하면서 별량 최남단 마
을인 거차마을의 뻘배체험장에 도착했다. 뻘배타기, 짱뚱어잡이, 칠게잡
이, 고둥잡이, 미끄럼틀 타기, 꼬막잡기체험 등 다양한 체험 프로그램이
운영되고 있었다. 민박 시설과 휴게시설도 잘 갖춰져 있었고, 식당에서
는 계절 음식들을 팔고 있었다.

뻘배   기치 뻘베체험장

신덕마을에서 부산 도보팀과 다시 만나 함께 걸으면서 태양광단지를 지나 용두마을에 도착해 마을 쉼터에서 잠시 휴식을 취했다. 부산 도보팀은 같은 직장동료들로 구성된 팀으로 퇴직 후에 정기적으로 만나 해파랑길에 이어 남파랑길도 걷고 있다고 했다. 행복한 삶을 위해 '돈, 친구, 건강' 3가지가 꼭 필요하다는 김창옥 힐링 전도사의 말을 되새기며 진정한 친구의 소중함을 다시 한번 깨달았다.

구룡사를 지나 새우양식장을 구경하며 경전선철도 건널목을 건너 구룡마을로 접어들었다. 배롱나무 가로수길에 백일홍이 붉게 피기 시작했다. 동천교를 지나 경전선 호동건널목에서 시골에 가끔 오고 가는 기차 모습을 상상해 보고 있는데, 갑자기 뒤에서 정말로 기차가 다가왔다. 깜짝 놀라서 어리둥절했지만, 왠지 큰 횡재를 한 기분으로 한 컷의 사진에 담아보았다.

아랫용두길

구룡마을 기차

점심때가 되어 도로변에 위치한 짱뚱어요리 전문점, '호동맛집가든' 에서 점심식사를 했다. 고택찹쌀생주와 곁들여 짱뚱어탕을 시켰는데, 추어탕처럼 구수하고 진하며 부드러운 시래기 맛이 일품이었다. 오늘 같은 무더위에 제대로 몸보신한 것 같았다.

벼들이 파랗게 자라는 시골 풍경을 감상하며 장호길을 지나 호동방조제로 들어섰다. 갯벌에 지천인 흰발농게와 짱뚱어들을 구경하며 호동방조제를 따라 걷다가 한 그루 나무 밑에서 무더위를 피하며 잠시 쉬었다. 나무 그늘 밑이 이처럼 시원한 줄은 예전에 미처 몰랐다. 조그마한 나무가 무척이나 고마웠다.

호동방조제

벌교갯벌체험관

벌교갯벌체험관에 도착하니 버섯모양의 방갈로와 꼬막조형물이 우리를 반겼다. 벌교대교와 꼬막조형물을 배경으로 기념사진을 찍고, 해안풍경을 감상하며 진석마을회관 앞 무지개해안산책로를 따라 장양교를 건너 중도방죽산책로로 접어들었다.

황금빛 측백나무와 녹차 나무로 잘 조성된 중도방죽산책로를 걸으며 갯벌에 피어난 갈대숲의 환상적인 풍경을 감상했다. 중도방죽은 일제강점기 때 일본인 '중도'가 조선의 수탈을 목적으로 조선인들을 강제로 동원하여 쌓은 둑이라고 한다. 슬픈 역사를 설명한 안내문을 읽어보며 가슴이 저리고 아팠다.

중도방죽길

중도방죽

중도방죽길에서 바라본 벌교읍

벌교생태공원과 벌교대교를 지나 조정래의 소설 '태백산맥'에 나오는 '철다리'를 감상하며, 부용교 동쪽 사거리에 도착해서 일정을 마감했다.

NAMPARANG ROUTE 63

부용교 동쪽 사거리 ~ 팔영농협 망주 지소

벌교 읍내의 꼬막 향연, 갯벌의 매력에 흠뻑 빠지다

 거리(km)
18.9

 시간(시, 분)
7:40

📅 도보여행일: 2022년 07월 09일

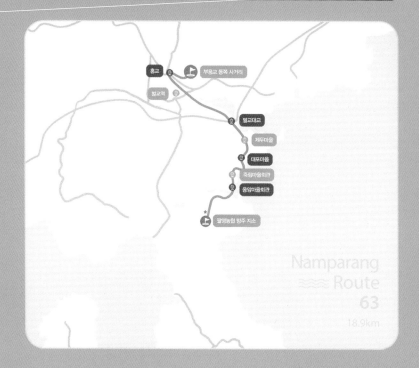

부용교 동쪽 사거리
홍교
벌교역
벌교대교
채두마을
대포마을
죽림마을회관
옹암마을회관
팔영농협 망주 지소

Namparang
Route
63
18.9km

보성 & 고흥구간

63

77

	1.2k 0.40		2.0k 1:00	
부용교 동쪽사거리		홍교		벌교역

4.1k
1:30

	1.9k 0.40		3.1k 1:10	
대포마을		제두마을		벌교대교

1.3k
0:30

	0.6k 0:10		4.7k 2:00	★
죽림마을회관		옹암마을회관		팔영농협 망주 지소

NAMPARANG
ROUTE
63

벌교천 갈대숲

남파랑길 63코스 (부용교 동쪽 사거리 ~ 팔영농협, 망주 지소)
벌교 읍내의 꼬막 향연, 갯벌의 매력에 흠뻑 빠지다

태백산맥조형물

부용교에서 트레킹을 시작했다. 배롱나무 가로수길에는 연분홍 백일홍꽃이 피기 시작했다. 벌교천 변에 국화밭을 조성해 놓았는데, 가을에 국화가 만개하면 풍광이 아름다울 것 같았다. 벌교천 변을 따라 소화다리 방향으로 올라가다 보니 벌교가 배출한 유명인 5인(독립운동가 홍암 나철, 대하소설 태백산맥의 작가 조정래, 민족음악가 채동선, 월간잡지 뿌리깊은나무의 창간자 한창기, 시인 박기동)의 조형물을 만났다. 이런 조그마한 읍내에서 많은 인물들이 배출되었다는 것에 감탄했다.

벌교는 꼬막으로 유명하다. 태백산맥, 외서댁, 정가네, 민선꼬막, 벌교부용산, 원조 수라상 등 수많은 꼬막 요릿집이 즐비하다. 어느 집에서나 꼬막 정식, 꼬막회무침, 꼬막전, 삶은 통꼬막, 양념꼬막, 꼬막탕수육 등 다양한 요리를 맛볼 수 있다.

꼬막의 종류에는 참꼬막과 새꼬막, 피꼬막이 있다. 참꼬막은 갯벌에서 채취하는데, 작고 가격이 비싸며 생산량이 소량이다. 새꼬막은 양식하는 것으로, 크고 가격도 싸며 대량으로 생산된다. 피꼬막은 피조개라고도 하며 붉은색으로 크다. 우리가 일반적으로 많이 먹는 것은 새꼬막이다.

붉은 태백산맥조형물 터널과 꼬막골목을 지나 소화다리에 도착했다. 소설 태백산맥 문학기행길 안내판을 보니 벌교 읍내 전체가 소설 태백산맥의 주요 무대였다. 소설 속 이야기를 상상하며 무지개

홍교

형 돌다리인 홍교를 건너 민족음악가 채동선 생가와 부용산 무궁화 산책로를 지나 벌교 읍내 방향으로 내려갔다. 태백산맥문학공원에서 조정래 작가와 대하소설 태백산맥의 줄거리를 읽어보고 읍내로 들어섰는데 이른 아침부터 많은 사람들이 '모리씨 빵 가게' 앞에 줄을 서서 기다리고 있었다.

모리씨 빵

"화려한 기교보다 재료 본연의 맛을 느낄 수 있는 빵을 지향합니다."라는 사훈이 걸려있는 '모리씨 빵 가게'는 버터, 우유, 계란, 설탕을 일체 사용하지 않고 천연 발효 빵을 만든다고 한다. 붉은 홍국쌀 식빵, 천연 발효 치즈송송빵, 붉은 단팥빵, 카스텔라 등 4종류를 샀는데, 모양도 특이하고 색깔도 남달랐다. 특히 붉은 홍국쌀 식빵은 떡인지 빵인지 구별하기 힘들 정도로 쫀득쫀득하고 맛도 너무나 좋았다. 대전의 성심당, 군산의 이성당 등 전국적으로 유명한 빵들을 많이 먹어보았지만, 벌교 읍내의 '모리씨 빵 가게'도 인상적이었다.

소설 '태백산맥'에서 '남도여관'인 '보성여관'과 술도가를 둘러보고 벌교역 앞 '모녀청과'에 도착했다. 해마다 내가 장흥 부근에서 생산되는 대봉감을 주문하는 과일가게로 정감이 갔다. 오늘이 장날이라서 벌교 읍내가 사람들로 북적거렸다. 시장을 구석구석 한 바퀴 둘러보고 야채, 생선 등을 구경했다.

벌교천을 따라 여자만 방향으로 목재 보도교를 건너 갈대생태탐방로로 들어섰다. 너른 갯벌과 갈대숲이 어울려 멋진 풍광을 자아냈다. 정오가 지나서 체감온도 35℃를 오르내리는 폭염으로 온몸에서 땀이 비오듯 흘러내렸다. 벌교대교 밑에서 잠시 쉬면서 선선한 바람을 맞으며 얼음물로 갈증을 달랬다.

갈대생태탐방로

벌교대교

광활한 벌교 갯벌과 짱뚱어와 게들을 구경하며 수차마을에 들어서니 밭에는 생강 싹과 하얀 참깨꽃이 피어 있었다. 제두마을을 지나 대포항 방향으로 걸어가다가 버스 정류장에서 잠시 쉬면서 폭염으로 인한 어지러움을 달랬다. 휴업 중인 갯마을가든을 지나 대포마을의 넓은 고구마밭 풍경을 감상하며 죽림마을과 죽동마을을 지나 옹암마

참깨꽃

을로 들어섰다. 초승달 모양의 아름다운 해안가를 끼고 있는 옹암마을을 지나 옹암쉼터에서 잠시 쉬면서 물과 과일로 지친 몸을 달랬다.

죽림마을   옹암쉼터

   쉰 다음 앞바다를 보니 조금 전까지만 해도 너른 갯벌이었던 곳이
바닷물로 가득 차 있었다. 갯벌에서 조개잡이를 하다가 바닷물이 들고
나는 때를 잊어서 사망사고가 났다는 뉴스를 종종 들었는데 그럴 수도
있겠다는 생각이 들었다. 죽암방조제를 건너 죽암대수갑문을 둘러본 다
음 대강천 제방길을 따라 망동마을회관 앞 팔영농협 망주 지소에 도착
했다.

죽암방조제   대강천 변

벌교 택시로 대박회관에 도착하여 여름 제철 음식인 '가리맛조개 숙회와 초무침'으로 저녁식사를 했다. 난생처음 먹어보는 삶은 가리맛조개는 달달하면서 담백하고 쫄깃한 맛이 일품이었다. '참맛'이라고도 하는 가리맛조개는 여름인 6월에서 8월이 제철이라고 한다.

가리맛조개

NAMPARANG
ROUTE
64

팔영농협 망주 지소 ~ 독대마을회관

푸른 들판 시골길, 꽃과 과일의 향연을 만나고

거리(km)
12.5

시간(시, 분)
4:30

도보여행일: 2022년 07월 10일

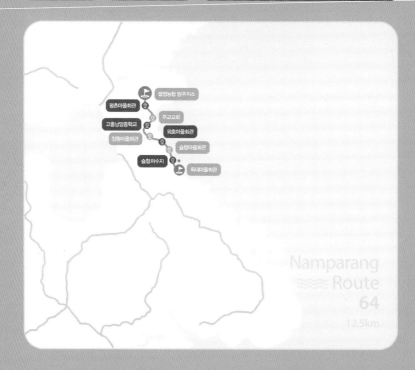

Namparang
Route
64
12.5km

★ 꼭 들러야 할 필수 코스!

보성 & 고흥구간

팔영농협 망주 지소	0.6k 0:10	평촌마을회관	3.6k 1:00	주교교회

| 외호마을회관 | 2.7k 1:00 | 장동마을회관 | 1.6k 0:40 | 고흥남양중학교 0.3k 0:10 |

| 슬항마을회관 1.4k 0:30 | 0.7k 0:20 | 슬항저수지 | 1.6k 0:40 | 독대마을회관 |

남파랑길 64코스 (팔영농협 망주 지소 ~ 독대마을회관)
푸른 들판 시골길, 꽃과 과일의 향연을 만나고

잠두배밭길

팔영농협 망주 지소를 출발하여 평촌마을회관 앞에 도착하니 팽나무 한 그루가 멋진 자태를 뽐내고 있었다. 망주평촌길을 걸으면서 잠두마을 초입에 도착하니 벼들이 많이 자라서 초록빛 들판에 둘러싸인 잠두마을이 너무나 아름다웠다.

평촌마을회관 앞 팽나무

망주평촌길

잠두마을

　너른 들판의 푸른 목초지 가운데로 나 있는 잠두배밭길을 따라 걸으며 바라보니 왼편 소망주산 아래 잠두마을이 아늑하고 포근해 보였다. 고흥간척지에서 생산되는 이남기쌀 드림정비소도 보였다.

　농로 끝부분에 도착하자 멀리서 예배당 종소리가 들려왔다. 저 멀리 주교마을의 주교교회에서 예배 시간을 알리는 종을 치고 있었다. 어린 시절 들었던 종소리를 오랜만에 들으니 너무나 정겨웠다. '예배당 종 치듯이 친다'라는 그 소리다.

주교교회

고흥남양중학교를 지나 도로변을 걸어가는데 복분자가 탐스럽게 익었고, 하늘수박도 주렁주렁 달렸다. 장동저수지 방죽길을 따라 걷는데, 저수지에 데칼코마니 식으로 비친 장동마을 풍광이 하늘거리는 물결과 어울려 인상적이었다. 탐스럽게 열린 복숭아와 사과를 감상하며 외호마을에 도착했다.

복분자

하늘수박

장동마을회관

외호마을회관

슬항저수지 　　　　　　　　　　　　　독대마을

　　도로 공사 현장을 지나고 슬항마을회관을 지나서 슬항저수지에 들어서니 저수지 건너편에 대형 축사들이 즐비했다. 축사들 때문에 악취도 심하고 저수지 위생환경도 불결해 보였다.

　　연등마을을 지나고 산길을 넘어서 독대마을 팽나무 쉼터에 도착했다. 독대마을은 옛날에는 날꼬지, 진두라고 불렀었는데, 마을 형국이 거미 형국이라 독대(蟵坮)로 써오다가 홀로 독(獨)으로 바뀌 독대(獨坮)가 되었다고 한다.

　　독대회관에서 트레킹을 마치고, 가까운 곳에 고흥커피사관학교가 있어서 궁금하여 가보았더니 폐교된 초등학교를 이용해서 카페를 꾸며 놓았다. 지금은 코로나로 인하여 임시 휴업 중이었다. 이 시골에도 커피 열풍은 대단했다.

NAMPARANG
ROUTE
65

독대마을회관 ~ 간천버스정류장

팔영산자락 농어촌마을, 자연 속 평온을 걸으며

거리(km)	시간(시, 분)	도보여행일: 2022년 07월 23일
23.1	7:20	

독대마을회관
화덕마을회관
애동마을회관
여호항
방내마을회관
강산방조제
우산교차로
신성마을회관
간천버스정류장

Namparang
Route
65
23.1km

보성 & 고흥구간

독대마을회관	화덕마을회관	예동마을회관
1.7k 0:20	7.3k 2:00	

강산방조제	방내마을회관	여호항
2.0k 0:40	3.1k 1:00	4.4k 1:40

오산교차로	신성마을회관	간천버스정류장
1.7k 0:50	1.0k 0:20	1.9k 0:30

남파랑길 65코스 (독대마을회관 ~ 간천버스정류장)
팔영산자락 농어촌마을, 자연 속 평온을 걸으며

심포길 시골 풍경

독대마을회관을 출발하여 화덕마을회관에 도착하니, 고흥의 먹거리와 볼거리를 적어놓은 안내판이 있었다.

'깨끗한 바다와 하늘, 더없이 풍요로운 고흥의 8품(8品), 9미(9味), 10경(10景)'

특산물(8품) : 유자, 석류, 간척지 쌀, 마늘, 참다래, 꼬막, 미역, 유자골 한우

먹거리(9미) : 참장어, 낙지, 삼치, 전어, 서대, 굴, 매생이, 유자향주, 붕장어

볼거리(10경) : 팔영산 8봉, 소록도, 고흥만, 나로도해상경관, 금탑사 비자나무숲, 영남용바위, 금산해안경관, 마복산 기암절경, 남열리일출, 중산일몰

여행은 역시 잘 먹고, 잘 구경하고, 좋은 물건 사는 재미다. 고흥을 여행하는 동안 최대한 즐기기로 마음먹었다.

화덕마을을 지나는데 7월 하순이라서 논밭이 풍성했다. 고추밭에는 고추들이 빨갛게 익어가고, 참다래 농장에는 참다래가 주렁주렁 달렸다. 길가에는 분홍빛 밀꽃이 초롱초롱 빛나고, 감나무에는 감들이 주렁주렁 열렸으며, 밤나무에 밤송이들도 튼실하게 달렸다.

고추   참다래

심포마을의 너른 들판 한가운데로 농로가 시원스럽게 뻗어 있다. 농구에 잠시 멈춰 서서 저 멀리 팔영산자락을 배경으로 파릇파릇한 버들의 향연을 즐겼다. 참깨밭의 하얀 참깨꽃과 고추밭에 붉은 고추들이 주렁주렁 달린 풍경을 감상하며 여도진로를 걸어갔다.

우모도 방향으로 걷다가 들판에 방사해 사육하는 토종닭들을 보고, 잠시 입맛을 다셨다. 닭한테는 대단히 미안한 이야기지만 쫄깃쫄깃하고 맛있을 것 같았다. 생과 사가 넘나드는 순간이라고나 할까?

심포마을 농로   토종닭

　우모도로 가는 길에 펼쳐진 갈대밭 경치가 저 멀리 팔영산자락과 어울려 한 폭의 멋진 산수화를 자아냈다. 여호제를 지나 칡넝쿨로 덮인 임도를 따라 우모도와 여호마을을 연결하는 방파제에 도착했다. 주변에는 연분홍 배롱나무꽃과 하얀 배롱나무꽃이 화사하게 피어 운치를 더해주었다. 연주도를 감상하며 방파제를 건너 여도진로를 걸어서 여호항에 도착하니 담장 너머로 붉은 무궁화꽃들이 우리를 반겼다.

여도진로   여도진로

여호제

여호항은 포근하고 아름다운 항구로, 고개를 오르면서 내려다 본 여호항의 풍광은 환상적이었다. 차도를 건너 노란 완두콩 꽃과 보랏빛 도라지꽃을 구경하며 방대마을회관에 도착했다. 덕다리버섯을 발견하고 신기해하며 방내마을 방조제인 방내제 방향으로 내려갔다.

덕다리버섯

여호항

방내제는 수초들로 가득해 오염 상태가 심각했다. 농로를 가로질러 팔영산자락으로 향하다 들판 가운데 있는 쉼터에서 잠시 휴식을 취하며 땀을 식혔다. 들판 사방으로부터 불어오는 바람이 무척 시원했다. 강산방조제를 건너고 오산교차로를 지나 신성삼거리에 도착했다. 마지막까지 있는 힘을 다하여 간천마을 버스정류장에 도착하여 일정을 마감했다.

방내제

방내제 수초

간삼받수세

35℃를 오르내리는 7월 폭염에 23km의 장거리 트레킹이라 몹시 힘
들고 지쳤다. 고흥읍의 '삼원락갈비'에서 왕돼지갈비로 저녁식사를 하
면서 하루의 피로를 풀었다.

NAMPARANG
ROUTE
66

간천버스정류장 ~ 남열마을 입구

고흥우주발사전망대에서 다도해의 웅장한 풍경을 만끽하고

 거리(km)
12.9

 시간(시, 분)
5:20

 도보여행일: 2022년 07월 24일

간천버스정류장
중앙삼거리
용암전망대
고흥우주발사전망대
남열마을 입구
남열해동이해변

Namparang
Route
66

12.9km

4.4k
1:40

1.2k
0:30

간천버스정류장

중앙삼거리

용암전망대

4.5k
2:20

1.3k
0:20

1.5k
0:30

남열마을 입구

남열해돋이해변

고흥우주발사
전망대

남파랑길 66코스 (간천버스정류장 ~ 남열마을 입구)
고흥우주발사전망대에서 다도해의 웅장한 풍경을 만끽하고

우암전망대에서 바라본 낭도

고흥읍의 '대흥식당'에서 백반 정식으로 아침식사를 했다. 아침 6시
부터 식사가 가능하고, 반찬도 맛있으며, 주인도 친절해서 좋았다. 고흥
읍에서 숙박하는 동안 자주 이용해야겠다는 생각이 들었다.

간천마을 버스정류장을 출발하여 간천마을 돌담길을 따라 마을 뒤
편으로 올라갔다. 7월 하순이라서 붉은 장미, 능소화, 인동초, 참나리,
달맞이꽃, 수세미꽃 등등, 온갖 꽃들이 만발했다. 담장을 휘감고 있는
담쟁이덩굴을 바라보며 강인한 생명력을 느꼈다.

대나무숲을 지나 우미산 임도에 도착했다. 이곳 지형이 소가 누워있
는 형국으로 소의 엉덩이와 꼬리 부분에 해당한다고 하여 우미산(牛尾
山)이라고 불렀다. 원추리꽃을 감상하며 가파른 오르막 임도를 지나 천
년의 오솔길로 들어섰다. 새벽에 소나기가 내려 숲속이 촉촉하고 숲 향

우미산임도

우미산버섯

이 짙어서 기분이 상큼했다. 소나기를 흠뻑 맞은 소나무와 참나무들의 자태가 아름다웠고, 땅에서는 이름 모를 갖가지 버섯들이 돋아나고 있었다.

천년의 오솔길 숲 향을 즐기며 능선 갈림길인 중앙삼거리에 도착했다. 우암전망대로 향하는, 기 받는 능선길을 따라 걸어가다 용이 승천하

천년의 오솔길

용솔

는 모양의 소나무인 용솔을 만났다. 기이하고 신기해서 올라앉아 기념 사진을 찍었다.

우암전망대에 도착하여 남해바다를 내려다보니 여수섬섬백리길의 낭도, 적금도, 둔병도, 조발도 등이 한눈에 들어왔다. 특히, 낭도의 전경이 에메랄드빛 남해바다와 어울려 한 폭의 그림 같았다.

우암전망대에서 중앙삼거리로 되돌아와 등산로를 따라 내려가다가 용암전망대에 도착했다. 용암전망대에서 내려다본 용암마을과 낭도에서 여수로 들어가는 남해바다의 풍경이 너무 아름다웠다.

용암전망대에서 바라본 남해

곤내재로 하산한 다음, 우주발사
전망대 스카이라운지 카페에서 시원
한 아이스크림과 냉커피로 무더위를
달래며 주변 경치를 감상했다. 전망
대 카페에서 바라본 나로우주센터 발
사기지, 남열해돋이해수욕장, 층층이
다랭이논 등의 풍경이 압권이었다.

고흥우주발사전망대

　　휴식을 취한 다음, 곤내재 우미산 등산로 입구에서 다랭이논길로 내
려와 미르마루길 탐방로를 따라 해변으로 내려갔다. 몽돌해변과 사자바
위를 구경하고, 다시 나무데크 계단을 올라 우주발사전망대에 도착했다.

　　남열해돋이해수욕장으로 내려가는 나무데크 계단에서 바라다본 남
해의 다도해 경관이 너무 아름다웠다. 남열해수욕장에는 많은 관광객들
이 북적거렸고, 서핑족들이 파도타기를 즐기고 있었다.

몽돌해변

사자바위

미르마루길

남열해돋이해수욕장

개똥수박

우주발사전망대를 바라보며 시골 논둑길인 해맞이로를 걸어 가는데, 밭에 개똥수박이 탐스럽게 열렸다. '개똥수박'이란 텃밭 한구석에 수박껍질을 버릴 때, 씨가 묻어가서, 주인이 심거나 가꾸지 않았는데도 저절로 자라서 열린 수박이다. 그래서 크기도 작고, 모양도 제멋대로이며, 맛도 떨어진다.

지금으로부터 60년 전, 내가 열한 살 때의 일이다. 초등학교 4학년 때, 학교가 너무 멀어서 중간학교를 했다. 중간학교란 학교에 가지 않고 땡땡이치다가 중간에서 되돌아오는 것을 말한다. 산자락의 콩밭에서 혼자 놀다가 우연히 개똥수박 3통을 발견했는데, 반가운 마음에 3통을 모두 먹어 치웠다. 한창 먹고 있는데 주인이 와서 나를 끌고 가서 아버지께 일러바쳤다. 싸리나무 회초리 한 단이 다 부러지도록 몹시도 심하게 맞았다. 그 후유증으로 지금까지 무릎을 꿇지 못한다.

그 길로 대전으로 유학을 오게 되었고, 덕분에 오늘과 같은 영광이 있게 되었다. 내 인생을 완전히 바꿔놓은 개똥수박! 만약 내가 개똥수박을 만나지 않았다면 지금쯤 비봉산 자락에서 농사짓고, 소 먹이고, 자연에 묻혀 토끼와 발맞추고 있지나 않을까? 감회가 새로웠다.

고즈넉하고 평화로운 어촌마을인 남열마을의 골목길을 따라 남열마을 입구로 내려왔다.

남열마을

남열마을 입구 ~ 해창만캠핑장

영남만리성에서 남해바다의 아름다운 해안 경관을 감상하며

🚶 거리(km) 15.3	🕐 시간(시, 분) 5:30	📋 도보여행일: 2022년 08월 13일

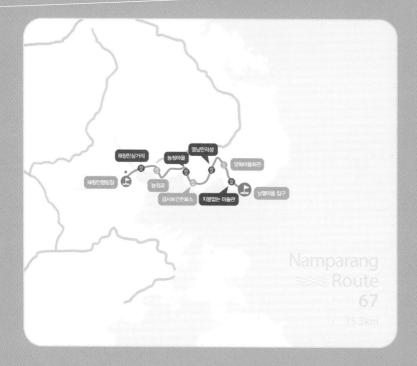

★ 꼭 들러야 할 필수 코스!

보성 & 고흥구간

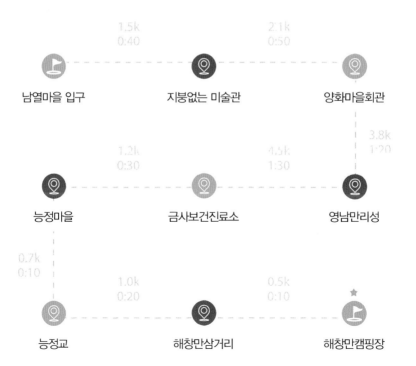

	1.5k 0:40		2.1k 0:50	
남열마을 입구		지붕없는 미술관		양화마을회관

				3.8k 1:20
	1.2k 0:30		4.5k 1:30	
능정마을		금사보건진료소		영남만리성

0.7k 0:10				
		1.0k 0:20		0.5k 0:10
능정교		해창만삼거리		해창만캠핑장

남파랑길 67코스 (남열마을 입구 ~ 해창만캠핑장)
영남만리성에서 남해바다의 아름다운 해안 경관을 감상하며

해창만방조제

남열마을 입구의 남열 솔향민박을 출발하여 해안도로를 따라 걸으면서 되돌아보니 남열마을 풍경이 해안과 어울려 장관이었다. 고흥 남열전망대에 도착하여 남해바다를 내려다보니 고흥우주발사기지가 있는 나로도와 수많은 섬으로 이루어진 다도해 경관이 한 폭의 산수화를

남열마을

지붕 없는 미술관(남열전망대)

보는 것 같았다. 말 그대로 지붕 없는 미술관이다.

　고흥마중길을 걸으면서 들판을 쳐다보니 벌써 참깨가 익었다. 지난 번에 왔을 때는 꽃이 피었었는데, 이제는 열매가 맺혔다. 세월이 참 빠르다. 양화마을회관에 도착해 팔각정 쉼터에서 잠시 쉬었다. 햇볕에 참깨를 널어 말리는 장면이 시골스럽고 인상적이었다.

양화마을회관(참깨)

영남면사무소를 향해 걷다가 U턴하여 고흥마중길을 따라 걸으며 산판도로로 접어들었다. 8월 중순이라서 칡덩굴과 잡초가 무성했다. 도로 정비 작업을 하지 않아서 칡덩굴과 잡초가 뒤엉켜 길을 찾을 수가 없었다. 가기는 가야겠고, 길은 없고, 월남전 때 정글전을 하는 기분이었다.

임진왜란 때 전라좌수영 산하의 4포 중 한 곳인 영남만리성에 도착해서 사도진과 다도해의 비경을 감상했다. 고흥마중길 2코스인 임도를 걷는데, 사방에 보랏빛 칡꽃과 굴피나무 열매가 즐비했다. 일부 산에서는 조림을 하느라 벌목작업이 한창이었다.

고흥마중길 1코스

산판도로

산판도로에서 본 첨도

사도마을에 도착해서 사도진해안길을 따라 해안경치를 감상하며 걸었다. 사도마을 앞바다 갯벌에서는 어촌 사람들이 밭에다 씨앗을 뿌리듯 자신의 갯벌을 정비하고 있었다.

사도마을

사도진해안길

능정마을

　능정마을을 지나 팔영로를 걸어가는데, 우사에 여물을 먹고 있는 소
들로 가득했고, 조롱박이 탐스럽게 열렸으며, 수세미도 예쁘게 달렸다.
내가 어린 시절에는 조롱박을 타서 우물물을 퍼먹었고, 수세미로 설거
지를 했었는데, 지금은 전설 따라 삼천리에나 나올 법한 이야기다.

조롱박   수세미

    능정교를 건너서 해창만방조제 둑길을 따라 걸으며 해창만삼거리를 지났다. 해창만오토캠핑장에 도착해서 일정을 마감했는데, 폭염과 싸우느라 무척 힘들었다.

NAMPARANG
ROUTE
68

해창만캠핑장 ~ 도하버스터미널

궁하면 통한다! 배달민족의 진수를 느끼고

🏃 거리(km)	🕐 시간(시, 분)	📅 도보여행일: 2022년 08월 14일
20.3	7:20	

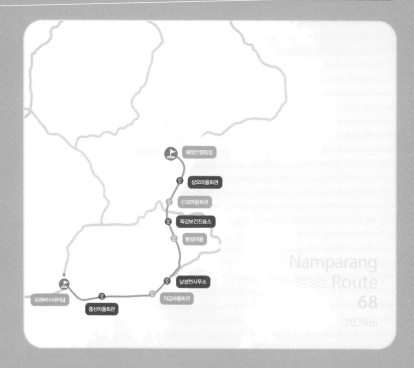

보성 & 고흥구간
63
77

	2.5k 1:00		0.8k 0:20	
해창만캠핑장		상오마을회관		신오마을회관

1.0k 0:20

	4.8k 2:00		0.8k 0:20	
남성면사무소		봉암마을		옥강보건진료소

2.1k 0:40

	5.2k 1:50		3.1k 0:50	
익금마을회관		중산마을회관		도하버스터미널

남파랑길 68코스 (해창만캠핑장 ～ 도하버스터미널)

궁하면 통한다! 배달민족의 진수를 느끼고

남성마을

해창만간척비에서 인증사진을 찍고, 해창만1방조제 둑길을 걸으며 맞은편 팔영산자락을 바라보니 경치가 환상적이다. 해창만3수문을 지나는데 강태공 한 분이 배스 낚시 삼매경이다. 수자원 보호를 위해서 근무 중이라고… 애국자다.

해창만간척비

해창만방조제

큰 산 해안 풍경을 감상하며 상오
길을 지나 별나로 체험 휴양마을로 들
어섰다. 요즈음 좀처럼 보기 어려운
둥근 박을 만났다. 어린 시절엔 이 박
을 타서 바가지를 만들었는데… 잠시
향수에 젖어보았다.

박

상오마을회관과 신오마을회관을 지나고 해창만2방조제를 지나서
옥강마을로 들어섰다. 집 정원을 예쁘게 꾸며 놓았다. 햇살은 몹시도 따
갑고 강렬한데 쉬어갈 그늘조차 없다. 벌써 4km를 걸었는데.

해창만2방조제

옥강마을

　마북산 임도로 진입했다. 산의 형상이 말이 엎드려 있는 형상이라서 마북산이라고 했다. 양봉단지에 도착했는데 웅웅거리는 꿀벌들 소리가 들리지 않았다. 기후변화로 꿀벌들이 사라지고 있다는데, 벌들이 다 죽었나 궁금했다. 꿀벌이 사라지면 꽃가루받이를 못 해서 생태계에 큰 변화가 생겨 세계적으로 식량난이 발생한다고 하니 걱정이다.

　봉암마을을 지나는데, 길가에 청포도와 왕대추가 탐스럽게 익었다. 도로변 가로수인 측백나무에도 열매가 포도송이처럼 주렁주렁 달렸고, 밭에는 녹두와 콩들이 익어가고, 참외밭에 참외가 누렇게 익었다. 초록빛 벼들이 바람에 일렁거리는 모습을 감상하며 남성마을에 도착했다.

참외   대곡제

마을 보호수인 거대한 팽나
무와 후박나무 아래 쉼터에서
시원한 물을 마시며 잠시 휴식
을 취했다. 36℃를 넘나드는 폭
염 속에서 쉬지 않고 4시간을
걸었더니 어질어질하다. 점심
시간이 지나서 배도 고픈데 어

남성마을쉼터

디를 찾아봐도 식당이 없다. 이번 코스 종착지인 도화마을까지는 아직
도 10km나 남았는데 모두 지쳐서 큰일이다.

　해파랑길 걷던 때의 기억을 되살려서 스마트폰으로 도화마을 중국
집을 검색하여 전화를 걸어봤다. 세 번째 시도 끝에 익금마을회관까지
약 8km 떨어진 고흥군 도화면의 양자강반점에서 40,000원 이상 주문하
면 배달이 가능하다는 언약을 받았다. 탕수육(대)과 짜장면 3인분을 주

익금마을회관

문했다. 양이 너무 많아서 회관에 계신 어르신들께 탕수육을 드렸더니 무척 고마워하신다. 역시 우리 민족은 대단한 배달의 민족이다. 지금은 드론을 이용해서 바다 위의 섬이나 어느 곳에도 배달이 가능하다고 하던데?

2시 30분에 늦은 점심식사를 하고, 아카시아 나무 열매, 작두콩, 부추꽃, 아사히베리, 황금빛 키위, 백도라지, 부들 등을 구경하며 시골길과 농로를 걸었다.

많은 우사를 구경하며 '고도지농장 영농조합법인'에 도착했다. 최신식 설비로 완전히 자동화된 대단위 우사단지다. 천정에는 선풍기가 돌아가고, 먹이 공급도 완전 자동화이며, 바닥도 깨끗하여 분뇨 냄새가 전혀 나지 않는다. 소도 이곳이 천국이다. 어떤 소는 질퍽거리고 냄새나는

고도지농장 영농조합법인

천마로 벼멍

외양간에서 평생을 지내는데, 이곳 소는 한가하게 즐기면서 먹이도 배불리 먹고. 소나 사람이나 팔자를 잘 타고나야 하나보다.

중산마을의 천마로에 들어서서 뙤약볕에 팔영산을 바라보며 농로에 털썩 주저앉아 매미(논의 바란 버른 물꾸러미 바라보며 정신줄을 놓는 것)을 때렸다.

일어설 기운도 없다. 이대로 조용히? 왜 이 짓을 하지? 뭣이 생긴다고?

도화마을에 도착하니 들판 한가운데 세 그루의 소나무가 마치 평사리의 부부송처럼 서 있고, 우리에게 점심식사를 배달해 준 구세주인 양자강반점이 있었다.

도하버스터미널 ~ 백석회관

천등산 철쭉공원에 올라 거금도의 절경을 눈에 담고

 거리(km)
16.4

 시간(시, 분)
5:00

 도보여행일: 2022년 08월 15일

★ 꼭 들러야 할 필수 코스!

보성 & 고흥구간

	3.1k 0:50		1.5k 0:40	
도화버스터미널		신호제		사방댐

2.8k
1:00

	3.8k 1:20		5.2k 1:10	
백석회관		천등마을		천등산 철쭉공원

남파랑길 69코스 (도화버스터미널 ~ 백석회관)
천등산 철쭉공원에 올라 거금도의 절경을 눈에 담고

천등산전망대에서 바라본 거금도

문안마을

　　도화면사무소를 출발하여 도화마을 형제세탁소 골목을 따라 도화주조장과 천주교 도화성당을 지났다. 탱자나무엔 탱글탱글한 탱자들이, 밤나무와 참나무엔 밤송이와 도토리가 주렁주렁 열렸다. 동오치마을로 들어서니 파란 나팔꽃과 맨드라미, 능소화가 우리를 반겼다. 무화과 농장에는 무화과가 주렁주렁 달렸고, 농로 주변의 콩잎이 노랗게 물들고 있었다. 문안마을을 바라보며 도화천을 따라 농로를 걸어가면서 노각(늙은 오이), 작두콩, 여주, 참외 등 갖가지 농산물을 구경했다. 시골의 초가을이 풍성했다.

사람은 아는 만큼 보인다고 했다. 남파랑길을 걸으면서 꽃과 나무에 관심을 가지고 스마트폰으로 검색해 보면서 이름을 외웠다. 덕분에 주변의 꽃과 식물들이 조금씩 보였다. 보면 볼수록 아름답고 신기했다. 자연이 신비스럽고, 사랑하고 싶어졌다.

불광사와 사방댐을 구경하고, 신호제를 지나서 천등산 입구의 먼나무 30리길인 싸목싸목길 입구에 도착했다. 싸목싸목길이란 도화면 신호마을에서 천등산 철쭉공원을 지나 풍양면 사동마을로 이어지는 11km의 임도를 말했다.

신호제

굴피나무 군락과 서어나무 군락으로 이루어진 임도의 숲 터널을 걷노라니 뙤약볕 햇살도 피할 수 있어서 좋았고, 주변에 핀 보랏빛 맥문동이 한결 분위기를 돋우었다. 상큼한 숲 향을 맡으면서 밤송이와 도토리, 달맞이꽃을 구경하며 천등산 철쭉공원 쉼터에 도착했다. 산 밑에서 불어오는 바람이 에어컨처럼 시원했다.

천등산은 봉우리가 하늘에 닿는다고 하여 '천등(天燈)'이라고 불렀으며, 4~5월에 천등산 중턱의 철쭉 군락지에서 만개하는 철쭉이 장관이라고 한다. 동쪽 산 중턱에는 신라시대 원효대사가 창건한 금탑사가 있다고 한다.

천등산 철쭉공원

나무 계단을 올라 천등산 전망대에서 사방을 둘러보았다. 동쪽으로는 저 멀리 팔영산 자락으로 둘러싸인 도화마을 풍경이 장관이었고, 서쪽으로는 사동마을 방향의 남해 다도해와 거금도 풍경이 압권이었다. 남쪽으로는 나로도와 남해의 섬들이 올망졸망하고, 정면으로 천등산 정상으로의 데크길이 선명하게 보였다. 시원한 바람 덕분에 가슴도 후련하고, 경치가 너무나 아름다워 기분이 상쾌했다.

천등산 전망대에서 바라본 팔영산

천등산 임도

백석리에서 바라본 천등산   풍남마을

    천등산 임도를 내려오면서 삼나무 군락지를 지나, 천등길 따라 천등
마을에 도착했다. 논에는 친환경 농법인 우렁이 농법으로 벼를 재배하
고 있어서 논에는 우렁이가 지천이었다.

    백석마을로 가는 길에 대단위 고흥 한우단지인 '고흥팜'과 '크로바
농원'을 구경했다. 명판에 의하면 크로바농원은 2019년 제22회 전국한
우능력평가대회에서 대통령상을 수상했다고 하며, 한우 개량 명인 박태
화 씨가 한우를 기르고 있다고 한다.

크로바농원

백석마을에 도착하니 벌써 벼들이 누렇게 익었다. 토란밭과 싱싱한 노각을 구경하며 백석복지회관에 도착해서 일정을 마감했다. 3일간 50km 이상을 걸어서 몹시도 피곤하여 심신을 달랠 겸, 도화마을의 '중앙식당'에서 하모샤브샤브로 저녁식사를 했다. 배불리 먹었더니 피로가 조금은 풀린 것도 같았다.

백석마을

하모샤브샤브

NAMPARANG
ROUTE
70

백석회관 ~ 녹동버스공용정류장

한센인추모공원에서 오마도 간척사업 희생자의 넋을 기리며

🚶 거리(km)	🕐 시간(시, 분)	📅 도보여행일: 2022년 09월 18일
14.1	5:30	

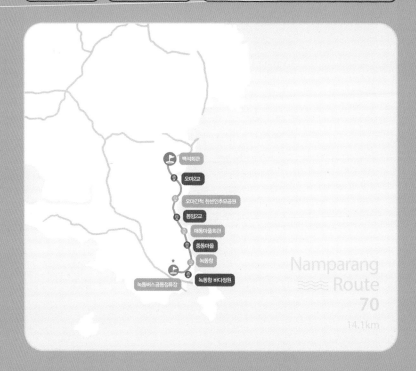

백석회관
오마2교
오마간척 한센인추모공원
봉암2교
대동마을회관
중동마을
녹동장
녹동항 바다정원
녹동버스공용정류장

Namparang
Route
70
14.1km

★ 꼭 들러야 할 필수 코스!

보성 & 고흥구간

63

77

2.0k
0:40

3.1k
1:20

백석회관   오마2교   오마간척 한센인
추모공원

2.1k
0:50

0.8k
0:10

1.1k
0:40

중동마을   매동마을회관   봉암2교

2.5k
0:50

1.4k
0:30

1.3k
0:30

녹동항   녹동항 바다정원   녹동버스공용
정류장

남파랑길 70코스 (백석회관 ~ 녹동버스공용정류장)
한센인추모공원에서 오마도 간척사업 희생자의 넋을 기리며

녹동항바다정원에서 바라본 소록대교

백석복지회관을 출발하여 천마로를 따라 걸으며 노란 결명자 꽃, 담장에 주렁주렁 매달린 여주와 수세미, 도로변 주변 곳곳에 핀 보랏빛 나팔꽃과 갯완두꽃, 익을 대로 익어서 알밤을 토해내는 밤송이들을 보면서, 풍성한 수확의 계절, 가을이 성큼 다가왔음을 실감했다.

오마1교를 건너고, 은전마을을 지나서 제주양씨 천세성역화기념제단을 지나 오마간척 한센인추모공원에 도착했다. 오마간척 한센인추모공원 한가운데 설치된 곡괭이와 삽으로 땅을 파고 돌을 짊어지고 나르는 일꾼들을 형상화한 조형물이 인상적이었다.

오마간척 한센인추모공원은 1962년 7월, 정부가 소록도 나환자들을 정착시키기 위해 소록도 원생을 주축으로 '오마도 개척단'을 창설하여 무인도인 5개의 섬(오마도, 고발도, 오동도, 분매도, 만새도)을 연결하는

방조제를 건설하는 간척공사를 시행했다. 이때 수많은 한센인이 강제노역으로 동원되어 희생되었는데, 이들을 추모하기 위해 조성된 공원이다. 오마간척지 테마관을 구석구석 둘러보고, 밖의 조형물 뒤편에 있는 개척단 부단장 김형주의 "아으 슬프도다!"와 한하운 시인의 "보리 피리 불며"를 읽어보며 가슴이 먹먹했다. 나병으로 인해 사람들로부터 멸시받고 따돌림당하는 것도 서러운데, 짐승처럼 취급되며 힘든 간척사업에 강제로 동원되어 갖은 고생을 하다가 억울하게 희생되었으니, 그 한이 얼마나 클지 가늠조차 힘들었다. 왜 이렇게도 역사는 약자들에게만 가혹할까?

오마간척 한센인추모공원

오마제3호방조제

오마리들판

　둘레길을 하면서 산청추모공원, 제주 4.3추모공원 등 이런 곳을 접할 때마다 가슴이 먹먹하고 답답했다.

　쓸쓸한 기분으로 오마삼거리를 지나 오마제3호방조제 옆 농로를 따라 걸었다. 한센인들이 피와 땀으로 개척한 오마도간척지에는 벼들이 누렇게 익어서 황금빛 물결을 이루었다. 들판 풍경을 바라보면서 만감이 교차했다.

　매동마을에 들어서니 밭에는 김장용 가을배추가 풍성하게 자라고 있었고, 농수로에는 우렁농법으로 벼농사를 짓고 있어서 우렁이들이 가득했다. 볏 잎에 우렁이알들이 대롱대롱 매달린 것이 인상적이었다.

매동마을(거금대교)

우렁이

우렁이알

녹동항 초입(비봉로)   녹동항

매동마을은 제법 큰 어촌마을이었다. 해안가 쪽으로 내려오니 긴 방파제가 녹동신항까지 이어져 있었는데, 맞은편에 보이는 거금도 풍경이 매우 아름다웠다. 녹동신항에서 제주도로 향하는 배를 바라보며, 긴 방파제를 지나 비봉로를 걸으며 녹동 만남의 다리를 건너 녹동항에 도착했다.

녹동항의 성실산장어숯불구이에서 붕장어 소금구이와 장어탕으로 늦은 점심식사를 했다. 장어의 담백한 맛과 부드러운 식감이 일품이었다.

아치형의 무지개다리를 건너서 녹동항 바다에 인공적으로 조성한 녹동바다정원에 올라갔다. 녹동바다정원에는 다양한 조형물들이 설치되어 있었는데, 살아서 펄떡펄떡 튀어 오를 것 같은 감성돔을 형상화한 '비상'이라는 조형물이 압권이었다. 계단을 이용해 머리 꼭대기까지 올라가서 녹동항 주변을 내려다보니 주변 풍광이 그림 같았다. 저 멀리 소록대교와 주변 해안경치를 감상하고, 사슴 가족과 다양한 물고기 조형물들을 둘러보며 주변 풍경을 둘러보았다. 녹동전통시장, 도양읍사무소, 녹동초등학교를 거쳐 종착지인 녹동공용버스정류장에 도착해서 일정을 마감했다.

녹동항바다정원의 '비상'

녹동항바다정원

어제, 9월 17일 오후에 61-1코스를 완보하고 시간이 남아서 거금도를 일주했다. 소록대교를 건너 소록도 중앙공원에 도착해서 주변을 둘러보며 지난날 한때를 회상해 보았다. 내가 어렸을 때는 나환자를 무척 무서워했고, 특히 봄철이면 진달래꽃밭에 가지도 않았었다. 지금은 상상도 못 할 일이지만 1970년도에는 그랬었다.

거금대교를 지나 거금도에 도착했다. 거금도는 박치기왕 프로레슬러 김일의 고향이다. 1960~70년대에 좌절과 패배에 빠져있던 국민들에게 구척장신의 외국인들을 박치기 하나로 통쾌하게 쓰러뜨려 환호와 희망을 선사했다. 특히 박정희 대통령이 열성팬이었다고 한다. 금산면 사무소 부근에 김일기념체육관이 있고, 체육관 앞에 김일 선수의 동상과 박치기를 하는 조형물이 있었다.

거금도 둘레길

거금도 오천항

　　적대봉 우측 해안을 따라 거금대교~소록도~오천항~소원동산~청
석마을~영천마을로 이어지는 4.6km의 거금도 둘레길을 드라이브하면
서 오천몽돌해변, 오천항, 거금도 독도 등 해안 풍경을 감상했다. 거금
도 명천항 부근의 태영수산에서 건미역, 염장미역, 다시마를 구입했는
데, 청정지역에서 생산된 것으로 신선하고 맛도 좋았다.

　　고흥군 녹동항의 영성횟집에서 민돔회로 저녁식사를 했는데, 녹동
항 부근의 청정해역에서만 잡힌다는 민돔은 육질이 쫄깃쫄깃해서 씹는
맛이 일품이었고, 지리탕도 국물이 시원했다.

NAMPARANG
ROUTE
71

녹동버스공용정류장 ~ 고흥만방조제공원

석류와 유자의 고장 고흥에서 가을의 풍성함을 맛보고

거리(km)
20.8

시간(시, 분)
7:00

도보여행일: 2022년 09월 24일

녹동버스공용정류장
차경복지회관
녹동린대병원
어영회관
도촌제
회룡제
칭동마을회관
용동마을회관
고흥만방조제공원

Namparang
Route
71
20.8km

보성 & 고흥구간

	1.4k 0:30		0.7k 0:20	
녹동버스공용 정류장		차경복지회관		녹동현대병원

4.2k
1:30

	1.1k 0:20		0.7k 0:10	
회룡제		도촌제		어영회관

0.9k
0:20

	9.2k 2:50		2.6k 1:00	
장동마을회관		용동마을회관		고흥만방조제공원

남파랑길 71코스 (녹동버스공용정류장 ~ 고흥만방조제공원)
석류와 유자의 고장 고흥에서 가을의 풍성함을 맛보고

고흥만로의 노을

대분재

녹동버스공용정류장을 출발하여 녹동고등학교를 지나 차경마을로 들어서서 농로를 걸어가며 차경복지회관에 도착했다. 작두콩 재배단지에 작두콩이 주렁주렁 열렸다. 기다란 콩이 신기했다. 대분재를 감상하면서 녹동현대병원을 지났다. 벼가 누렇게 익어가는 황금 들판을 누비며, 아침햇살에 반짝이는 갈대와 하얗게 익은 둥근 박, 담장에 매달린 하늘수박을 감상하며, 백옥교를 건너고 바이오코프를 지나 원동마을에 도착했다.

원동마을 초입에는 효자·열녀비가 서있고, 가을이라서 감나무에는 누렇게 익은 감이 주렁주렁 열렸다. 한 집을 지나는데 금화규가 예쁘게 피어 고상한 자태를 뽐내고 있었다. 신기해서 한 컷! 남파랑길을 걷다 보면 마을마다 효자비와 열녀비를 많이 만나는데 그때마다 궁금했다. 효자비는 부모에게 효도하라는 내용이라 알겠는데, 열녀비는 왜 세웠을까? 지금도 그 마을에서 보존하는 이유는? 열녀란 어떤 여자인가? 열 받은 여자? 왜 열을 받았을까?

금화규

달맞이꽃과 석류를 구경하며 도촌제를 지나서 어영마을회관에 도착하니 늙은 호박을 예쁘게 쌓아놓았다. 이곳에서 호박이 많이 생산되는가 보다.

늙은 호박

도덕우체국 앞에서 도덕저수지를 구경하고, 도덕초등학교 앞의 기와집 돌담길을 지나서 농로를 걸으며, 회룡제를 지나 장동마을회관에 도착했다. 칸나가 예쁘게 피어 있는 장동마을을 지나 농로를 걸으면서 석류농장, 가을 배추밭, 울금밭, 생강밭 등을 구경했다. 석류가 이렇게 탐스럽게 익어가는 것을 처음 보았다. 마트에서 수입산 석류만 사 먹다가 우리나라에서 석류농장을 만나니 신기했다.

회룡제

칸나

가을 배추밭

석류

억새를 구경하며 바이오보배팜을 지나 성향마을로 들어섰다. 이 마을에도 늙은 호박을 많이 쌓아 놓았다. 산후조리에 호박 소주가 좋다고 하여 한때는 늙은 호박이 비싸게 팔렸었는데.

해안 풍경을 감상하면서 당남길을 걸어가는데, 생강밭에 생강이 풍성하게 자랐다. 한때 서산에서 시골 할머니한테 생강잎도 모른다고 혼나던 생각이 떠올랐다.

유자　　　　　　　　　　　　　　　탱자

　　고백이 큰 재를 넘어 영귀산 임도로 진입했다. 영귀산 둘레길은 수
풀이 우거지고, 멧돼지들이 땅을 갈아엎은 흔적들이 많아 무척 힘들었
다. 혼자 트레킹하기엔 위험할 것 같았다. 유자 농장을 만났는데, 유자
가 탐스럽게 주렁주렁 열렸고, 일부는 노랗게 익어가고 있었다. 울타리
에 탱자나무를 심었는데, 탱자나무에는 탱자가 누렇게 익어서 운치를
더해주었다. 유자와 탱자를 도시 사람들은 구분할 수 있을까?

　　영귀산 둘레길을 따라 하산하며 남해바다 득량도의 해안경치를 감
상하고, 좌측으로 아늑한 한적마을을 구경했다. 바른석류농원의 탐스럽
게 열린 붉은 석류들을 바라보며, 올해는 이 농장에서 석류를 택배시켜
먹어야지 하고 생각했다.

한적마을

　용동마을회관을 지나 용동해수욕장에 도착했다. 오후 5시가 지나서
서서히 노을이 지기 시작했다. 솔밭가든을 지나 고흥만 해안도로에 도
착했는데, 붉은 노을빛 바다가 환상적이다. 구름 속을 비집고 나온 햇살
이 마치 '천지창조'에 나오는 것처럼 영롱했다. 해안경치를 감상하며 해
안도로를 따라 걸어서 고흥만수변공원에 도착했다. 많은 관광객이 텐트
를 치고 음식을 준비하며 즐거운 시간을 보내고 있었다. 고흥만방조제
공원에 도착하여 고흥썬밸리리조트를 배경으로 인증사진을 찍고, 이번
트레킹을 마감했다.

용동해수욕장

고흥만 해안도로

NAMPARANG
ROUTE
72

고흥만방조제공원 ~ 대전해수욕장

황금 들판을 누비며 오곡백과의 풍성함을 느끼고

 거리(km)
14.4

 시간(시,분)
5:00

 도보여행일: 2022년 09월 25일

★ 꼭 들러야 할 필수 코스!

보성 & 고흥구간

4.6k 1:30

1.2k 0:20

고흥만방조제 공원

상촌마을회관

월하마을회관

2.1k 1:00

2.6k 0:50

3.9k 1:20

대전해수욕장

내당회관

신흥회관

NAMPARANG
ROUTE
72

남파랑길 72코스 (고흥만방조제공원 ~ 대전해수욕장)
황금 들판을 누비며 오곡백과의 풍성함을 느끼고

고흥만방조제

  고흥만방조제공원을 둘러보고, 대략 **3km**에 달하는 고흥만방조제
위를 걸으면서 좌측으로 고흥만 바다 풍경과 우측으로 고흥썬밸리리조
트 주변 풍경을 감상했다. 고흥썬밸리리조트 풍광은 호수 주변 갈대숲
과 어울려 한 폭의 그림 같았다. 아침 일찍부터 강태공들이 방조제에서
삼삼오오 바다낚시를 즐기고 있었다.

  고흥만방조제 교차로에서 좌측으로 돌아 항동포구로 들어섰다. 항
동포구에서 바라본 고흥만방조제의 경치가 너무나 아름다웠다. 풍류해
수욕장을 지나 풍류오솔길 오르막길을 올라서 풍류보건진료소에 도착
했다. 유자 농장에는 초록색의 탱글탱글한 유자들이 주렁주렁 달렸고,
울타리의 탱자나무에는 탱자들이 노랗게 익었으며, 유홍초도 예쁘게 피
었다.

고흥만방조제

풍류해수욕장

풍류마을

유홍초

　상촌마을에 들어서니 길가에 분홍색 나팔꽃과 보라색 나팔꽃들이 화사하게 피어 있었다. 월하마을을 지나는데 모과나무와 삼나무에 열매들이 주렁주렁 달렸다. 오곡백과 풍성한 가을 풍경이다. 대봉감과 월하감이 많이도 달렸다. 대봉감은 홍시용이고, 월하감은 곶감용이다. 나는 해마다 대봉감을 300여 개씩 지리산 악양에다 주문하여 홍시를 만들어 먹곤 하는데 완전 별미다.

월하마을

　월하마을 팔각정자에서 잠시 휴식을 취했다. 마을 어르신들이 교회에 다녀와서 밭에 일하러 가신다. 황금빛 들녘의 농로를 따라 해안가로 내려가는데, 방금 자동차에 깔려 죽은 큰 독사를 발견했다. 가을에는 뱀이 동면을 준비하느라 독이 바짝 올라 있으므로 물리지 않도록 각별히 주의해야겠다는 생각이 들었다.

　신흥마을을 지나면서 모처럼 만에 조밭을 만났다. 내가 어렸을 때는 쌀이 모자라서 조로 밥을 지어 먹기도 했었는데, 지금은 좀처럼 구경하기 어려운 곡식이다. 반가워서 한 컷!

월하길

조

신흥마을회관을 지나고, 왕새우양식장을 지나서, 용담방조제 배수
갑문에서 잠시 휴식을 취한 다음, 풍류로를 걸으며 해안경치를 감상했
다. 농로를 지나 내당마을에 들어서니 담장에는 하늘수박이 탐스럽게
달렸고, 대추나무에는 왕대추가 주렁주렁 열렸다. 길가에 핀 낮달맞이
꽃과 가지밭에 주렁주렁 달린 가지들을 구경하며 황금빛 물결의 논길
을 걸어서 연강마을에 도착하니 마을 입구의 떡방앗간 표지판이 정겹
다. 벼들이 무르익은 황금 들판을 걷고 또 걸어서 연강마을과 송정마을
을 지나 대전해수욕장에 도착했다.

신흥마을

내당마을

연강마을

대전해수욕장

NAMPARANG
ROUTE
73

대전해수욕장 ~ 내로마을회관

득량만 해안길을 걸으며 어촌마을의 가을풍경을 즐기다

🏃 거리(km) 15.9	🕐 시간(시, 분) 5:00	📅 도보여행일: 2022년 09월 25일, 10월 01일

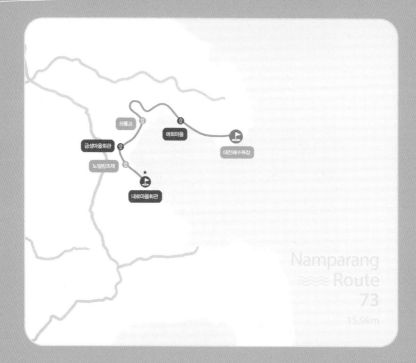

Namparang
≈≈ Route
73
15.9km

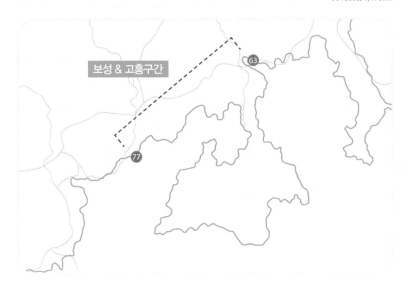

	3.9k 1:10		5.5k 1:40	
대전해수욕장		예회마을		와룡교

3.0k
0:40

	1.5k 0:30		2.0k 1:00	
내로마을회관		노일방조제		금성마을회관

남파랑길 73코스 (대전해수욕장 ~ 내로마을회관)
득량만 해안길을 걸으며 어촌마을의 가을풍경을 즐기다

고흥만갯벌

9월 25일 일요일 오후 2시, 대전해수욕장에 도착하니 시원한 백사장과 해송 방풍림이 아름다웠다. 텐트촌과 해송림을 지나 방조제 방향으로 두원송정길을 걸어갔다. 방조제 둑에서 내려다보니 대전해수욕장의 송림과 황금빛 들판이 어울려 한 폭의 그림 같았다. 두원송정마을을 지

대전해수욕장

나가는데 분홍 낮달맞이꽃이 상큼하게 피어 우리를 반겼다. 감나무 농장 사이로 난 둘레길을 걸어가는데 늦가을이라서 감나무에 감이 누렇게 익어서 주렁주렁 많이도 달렸다. 단감, 먹감, 월하, 대봉 등등.

대전해수욕장과 황금빛 들판

두원송정길

두원송정마을

단감

고흥만의 해안경치를 감상하며 걸어가는데, 주변에 고마리, 왕고들 빼기, 도꼬마리꽃이 예쁘게 피었다. 벼도 누렇게 익어서 고개를 숙였다. 예회마을 동락정에 도착하니, 동락정 부근에 김붕만 신위단비가 세워져 있었다. 김붕만은 임진왜란 때 권율 장군과 이순신 장군 휘하의 무관으로, 후손들이 전투에 참여한 공로를 기리기 위해 세워 놓았다.

예회마을

10월 1일 토요일 아침 10시, 예회마을 동락정을 출발했다. 이제 10월이라서 더위도 한풀 꺾였고, 코로나도 어느 정도 잠잠해졌다. 걷기에 딱 좋은 계절이다. 3일간 65km 정도 걸을 각오를 하고 첫발을 내디뎠다.

연강예회길을 지나서 득량만 해안경치를 감상하며 두원운석길로 접어들었다. 성리지를 지나면서 간척지 황금 들녘과 광대한 득량만 갯벌을 구경하며 오수삼거리를 지나 용산천을 따라 금성마을 방향으로 용산천 변을 걸어갔다. 용산천변길은 먼나무와 배롱나무 가로수길을 조성해 놓았는데, 용산천 내 갈대들과 어울려 아름다운 가을 풍경을 자아냈다. 와룡마을 앞에서 와룡교를 건너 다시 용산천변길을 따라 바닷가로 내려갔다. 용산지 옆 나무 그늘에서 잠시 휴식을 취했다. 눈앞에 펼쳐진 황금빛 들녘 풍경이 환상적이었다.

득량만갯벌

두원운석길

용산천변길

한 농장에서 아름답게 가꾸어 놓은 반송 소나무를 구경하며 금성마을에 들어섰는데, 마을 입구에 큰 느티나무가 서 있고, 농가의 지붕 위에 포도가 탐스럽게 익었다. 알이 굵어서 먹음직스럽기도 하고, 한참을 구경하며 입맛을 다셨다.

금성마을(포도)

금성마을회관을 지나서 동촌마을에 도착하니 흰다리왕새우 양식장이 있었다. 수차로 물보라를 일으키며 물속에 공기를 주입하는 광경이 이색적이었다. 두원천을 지나 두원천 둑길을 따라 내로마을로 들어섰다. 들판에는

유자

벼들이 누렇게 익어서 추수를 기다리고, 유자나무에는 유자가 노랗게 탐스럽게 익었다.

두원천 둑길

    고흥에는 유자밭이 매우 많다. 고흥 유자는 맑고 깨끗한 자연환경과 최적의 기후와 토양에서 재배되어 과질과 빛깔이 우수하고, 맛과 향이 뛰어나다고 한다. 유자는 비타민C 함유량이 매우 높아서 겨울철 감기 예방과 항암, 항균, 피로 회복, 식욕 촉진에 효과가 있으며, 주로 유자청과 유자잼을 만들어서 먹는다고 한다. 고흥에는 집집마다 유자나무가 있었으며, 나무마다 노란 유자가 주렁주렁 달렸다.

    오후 2시 20분, 내로마을회관에 도착해서 이번 코스 트레킹을 마감했다.

NAMPARANG
ROUTE
74

내로마을회관 ~ 남양버스정류장

황금물결 논에서 베일을 감상하며 추수의 기쁨을 맛보고

| 🏃 거리(km) 8.7 | 🕐 시간(시,분) 3:10 | 🗓️ 도보여행일: 2022년 10월 01일 |

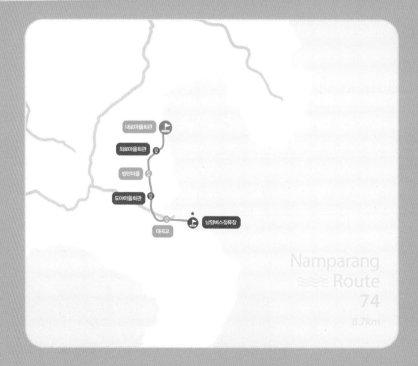

★ 꼭 들러야 할 필수 코스!

보성 & 고흥구간

63

77

1.8k
0:40

1.8k
0:30

내로마을회관

외로마을회관

방란마을

0.7k
0:20

2.1k
0:40

2.3k
1:00

남양버스정류장

대곡교

도야마을회관

남파랑길 74코스 (내로마을회관 ~ 남양버스정류장)
황금물결 논에서 베일을 감상하며 추수의 기쁨을 맛보고

득량만갯벌

내로마을회관에서 득량만 바다 쪽으로 향했다. 해변 팔각정 앞에서 득량만 바다와 죽도를 배경으로 인증샷을 찍고, 득량만의 너른 갯벌을 바라보며 걷기 시작했다.

내로마을

내로체험마을

외로마을 방조제를 건너 시골길을 걷는데, 비닐하우스에 붉은 석류들이 주렁주렁 열려서 가을 정취를 더해주었다. 득량만 갯벌과 죽도를 구경하고, 외로마을 둑길을 걸으면서 갈대를 구경했다. 과역면 수일리 외로마을의 석류제2수매장과 '고흥엔 석류·커피'라는 카페를 지나 외로마을회관에 도착했다. 정원을 잘 꾸며놓은 집에 금목서와 은목서가 예쁘게 꽃을 피웠다. 꽈리나무에도 꽈리가 탐스럽게 열려서 아름다웠다.

득량만갯벌

죽도

외로마을 둑길

갈대

금목서꽃   은목서꽃

　　과역로를 지나 방란길을 걸어가는데, 메밀밭에 메밀꽃이 하얗게 피었다. 봉평 메밀밭에서 본 것처럼 넓은 지역에 탐스럽게 피었다. 들판에는 벼들이 누렇게 익어서 황금빛 물결이다. 빙란마을을 지나 도아마을회관 정자쉼터에서 준비해 온 성심당의 튀김소보로와 부추빵으로 점심식사를 했다.

메밀꽃

방란마을

도야마을

노송마을

두원면과 남양면을 연결하는 길목인 도야마을에는 특산물로 참꼬막, 고흥 유자, 해풍 맞은 쌀, 마늘이 유명하다고 한다. 도야마을회관을 지나 도야길 따라 하천 주변의 경치를 감상하며, 우주항공로 아래 굴다리를 지나 노송마을 버스정류장에 도착했다.

대곡교를 지나 남양초등학교 초입에 도착하니 하늘로 쭉쭉 뻗은 메타세쿼이아 가로수길이 나타났다. 마치 담양의 메타세쿼이아 길을 걷는 듯, 가로수길을 걷고 있노라니 지친 몸과 마음이 치유되는 것 같았다.

흰다리왕새우 양식장을 지나 대곡방조제에 도착했다. 논마다 벼를 수확하고 난 뒤에 볏짚을 말아놓은 베일(Bale)들이 군데군데 흩어져 있었다. 베일은 건초 꾸러미인 볏짚 뭉치로 가축 사료용으로 사용됐다. 볏짚단이 산재해 있는 마을 풍경을 감상하며 남양버스정류장에 도착했다.

남양마을 베일

NAMPARANG
ROUTE
75

남양버스정류장 ~ 신기수문동버스정류장

우도를 바라보며 해안길 따라 어촌마을을 걸으며

| 거리(km) 19.8 | 시간(시, 분) 7:00 | 도보여행일: 2022년 10월 02일 |

★ 꼭 들러야 할 필수 코스!

보성 & 고흥구간

남양버스정류장

1.6k
0:30

우도마을

5.1k
1:40

금곡마을

1.2k
0:20

장사마을

3.1k
1:00

송림마을

3.4k
1:20

동편삼거리

1.3k
0:50

송림방조제

1.5k
0:30

우림원

2.6k
0:50

신기수문동
버스정류장

남파랑길 75코스 (남양버스정류장 ~ 신기수문동버스정류장)
우도를 바라보며 해안길 따라 어촌마을을 걸으며

송림방조제

우도

남양버스정류장을 출발하여 해안도로를 따라 득량만 바다와 갯벌을 구경하며 우도마을 입구에 도착했다. 우도는 섬 연안에 소머리 모양의 바위가 있어서 우도라고 하며, 해안선 둘레가 3.25km인 작은 섬이다. 현재는 가족의 섬으로 개발하였으며, 이곳에서 남해안 최고의 절경인 다도해를 감상할 수 있다고 한다. 우도마을은 섬으로 바닷길이 물에 잠겨있다가 물때에 따라서 하루에 두 번 저조(低潮) 시에 모세의 기적처럼 1.2km의 바다 갈라짐 현상이 일어난다고 한다. 이때 승용차로 우도마을에 들어가는데, 섬 초입에 '신비의 바닷길

갈라짐 시간표'가 비치되어 있었다.

　해안길을 따라 증산마을을 지나가는데, 길가에 분홍빛과 보랏빛 나팔꽃이 초롱초롱하게 아름답게 피었다. 울타리에는 하늘수박이 주렁주렁 매달려 노랗게 익어가고 여주도 많이 눈에 띄었다. 한 농가를 지나는데 돼지감자가 노랗게 피어서 한결 가을 운치를 더해 주었다.

　상림리 방조제를 지나 태양광 패널이 설치된 언덕을 넘어 금곡마을에 도착했다. 농로를 따라 걷다가 큰 밤나무 아래 그늘에서 잠시 쉬는데, 주변에 알밤이 많이 떨어졌다. 큰 것만 골라서 한 주머니 줍고, 벌교 시장에서 구입한 모시송편과 약밥을 먹으면서 잠시 휴식을 취했다.

금곡마을

운교약천길을 걸으면서 동편마을과 동편삼거리를 지나 남양마을로 들어섰다. 남양마을 고추밭에는 붉은 고추들이 주렁주렁 달려서 풍성하게 익어가고 있었다. 학창 시절 비봉산 비탈밭에서 고추 따던 생각이 새록새록 났다. 어려서 시골에 살면서 힘든 농사일을 많이 해봐서 농부의 고충을 조금은 이해할 것 같았다. 이제야 아버지의 교육관을 조금이나마 이해할 것 같은데, 나는 과연 내 자식에게 무엇을 전수했을까?

남양마을

봉두로　　　　　　　　　　　　　송강마을

　　송강마을의 감나무농장에는 단감과 대봉감이 주렁주렁 열려서 누렇
게 익어가고 있었다. 한때는 곶감이 인기가 높더니만 제사 문화가 축소
되고 나니 홍시용인 대봉감이 인기가 높다. 국내에서 재배되는 감 종류
에는 단감과 떫은 감이 있는데, 대부분 단감을 선호하고, 홍시용으로는
대봉감을 사용한다. 떫은 감 전문연구기관인 상주감 시험장에는 상주둥
시, 청도반시, 예천 고종시 등 183종의 감 유전자원이 보관되어 있다고
한다.

　　장사마을을 지나 언덕을 올라 송림마을로 향하던 길에, 송림마을에
사시는 80대가량의 할머니 한 분을 만났다. 대전 성심당의 튀김소보로
빵을 할머니께 드렸더니, 감사하게 받으시며 어렵게 살아왔던 옛날이야

기 보따리를 풀어 놓으셨다.

　이곳 장사마을은 마을 보호수인 팽나무 한 그루를 기점으로 송림마을과 나뉘는데, 옛날에는 송림마을 앞바다에서 낙지와 오징어가 많이 잡혔다고 한다. 살아있는 상태로 고무 대야를 머리에 이고 저 멀리 언덕을 넘어 예당마을 장터에 가서 팔았는데, 장터에 가면 깡패들이 자릿세로 삥을 뜯어서, 다 뜯기고, 겨우 낙지와 오징어 몇 마리 값만 챙겨서 넘어오셨다고 한다. 팍팍하고 힘들었던 40~50년 전 일을 회상하며 한숨을 쉬셨다. 넉넉하게 생활하는 오늘의 우리들로서는 이해하기 힘들었다. 한 편의 모노드라마를 보는 듯, 불과 몇십 년 전의 우리나라의 모습

장사마을

송림마을

이었다는 것이 믿어지지 않았다.

　코스모스와 백일홍꽃을 감상하며, 언덕을 넘어 송림방조제와 왕새우양식장을 지나 우림원에 도착했다. 우림원(祐林園)은 2021년도에 전라남도 예쁜 정원으로 선정된 곳으로 소나무, 홍가시나무, 참가시나무 등으로 정원을 예쁘게 꾸며놓았다. 내부를 둘러보고 참가시나무 터널을 지나 신기거북이어촌체험마을을 거쳐 신기수문동버스정류장에 도착했다.

송림방조제

왕새우양식장

우림원

신기거북이어촌체험마을

　　7월부터 3개월간 고흥의 곳곳을 누볐다. 논도 많고, 우사도 많았다. 우사마다 최신식 설비를 갖추고 천여 마리 이상의 소를 기르고 있었다. 소들의 천국이다. 큰 소 한 마리의 가격을 대략 500만 원이라고 하면 가구당 50억이다. 누가 우리나라의 농촌을 가난하다고 했는가? 드론으로 농약 치고, 집집마다 벤츠나 외제 차에…

　　벌교역 부근의 대박회관에서 요즘 제철인 꽃게와 왕새우찜, 오징어 숙회, 전어 새꼬시로 푸짐하게 저녁식사를 했다. 남해 진미를 제대로 즐길 수 있어서 행복했다.

신기수문동버스정류장 ~ 선소항 입구

오봉산자락 구룡마을과 청암마을에서 보성 쪽파의 진수를 맛보고

🏃 거리(km) 16.7	🕐 시간(시, 분) 6:10	📋 도보여행일: 2022년 10월 03일

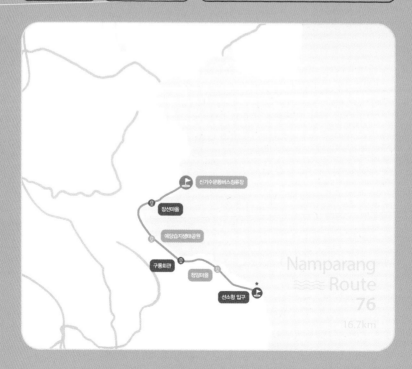

★ 꼭 들러야 할 필수 코스!

보성 & 고흥구간

4.4k
1:50

2.8k
1:00

신기수문동
버스정류장

장선마을

예당습지
생태공원

2.8k
1:00

4.4k
1:40

2.3k
0:40

선소항 입구

청암마을

구룡회관

남파랑길 76코스 (신기수문동버스정류장 ~ 선소항 입구)

오봉산자락 구룡마을과 청암마을에서 보성 쪽파의 진수를 맛보고

청암마을 쪽파밭

단층지질관찰로

신기수문동버스정류장을 출발하여 수문동나루터를 지나 득량만 해안의 단층지질관찰로로 접어들었다. 데크길을 따라 걸으면서 탁 트인 남해바다의 풍경을 감상하며 대나무숲을 빠져나와 영운사 입구를 지났다. 동서로를 걸으며 안뜰거북이마을을 지나는데, 가을 추수가 끝나서 논에 볏짚 베일을 나란히 쌓아놓았다. 득량만풍광휴식센터에 도착하여, 솔밭 그늘에 비치된 데크에서 장선해변을 감상하며 잠시 휴식을 취했다. 득량만 바다 맞은편으로 오봉산자락이 손에 닿을 듯 가까이 보였다.

장선해변에서 바라본 득량만

득량만 바다 풍경을 감상하며 장선해변을 따라 장선마을에 도착했다. 마을 앞에 목제 데크로 설치된 노둣길을 거닐면서, 지금은 물이 차서 섬까지는 들어갈 수 없었지만, 도중에서 놀면서 사진도 찍고 경치를 즐겼다. 장선마을 포구에서 바라본 득량만 남해바다와 노둣길, 득량만 방조제, 보성 오봉산자락이 서로 어울려 한 폭의 풍경화를 자아냈다.

고흥군과 보성군의 경계에 만들어진 길이 3km가량의 보성방조제 둑길을 걸어갔다. 보성방조제 우측으로 조성천의 습지에 남정수상태양광발전소가 있었는데, 어마어마한 패널들이 설치되어 있었다. 남파랑길을 가다 보면 산, 밭, 논, 갯벌, 바다, 곳곳에 태양광 발전설비가 설치되어 있는데, 잘하는 것인지? 경제성은 있는지 궁금했다.

보성방조제

남정수상태양광발전소

제2수문교

예당습지생태공원

　제2수문교의 의자에서 잠시 쉬면서 예당면 일대와 지나온 고흥만 지역의 풍광을 감상했다. 방조제 아래에는 득량면 수문에서 장흥 수문 해변의 보성 경계까지 해송과 장미 덩굴로 잘 정비된 32km 길이의 녹차해안도로가 있었다. 예당습지생태공원 입구에서 잠시 휴식을 취한 다음, 길고 긴 방조제 둑길을 걸어서 갈대군락지 생태공원을 지나 제1수문교의 해평선착장에 도착했다.

멸종위기 대추귀고둥 서식지
보호구역인 구룡해안의 공룡로를
걸으며 오봉산 칼바위 풍경을 감
상했다. 오봉산자락의 구룡마을
은 쪽파밭으로 뒤덮였다. 밭에는
파릇파릇 쪽파가 자라고 있었고,
스프링클러가 열심히 물을 품고
있었다.

구룡마을

　도로변에 위치한 몽골 전통가옥인 게르 형태의 바다펜션 몽골하우
스를 감상하고, 구룡마을을 지나 청암마을로 들어서는데, 길가에 구찌
뽕이 탐스럽게 익었다. 드넓은 청암마을의 쪽파밭에서는 마을 사람들이
싱싱한 쪽파를 수확하느라고 분주했다. 마을 전체가 쪽파밭이다. 보성
쪽파가 맛도 진하고 풍미도 좋다고 하는데, 왜 보성 쪽파가 유명한지 이
해가 갔다.

바다펜션 몽골하우스

구찌뽕

쪽파는 심어서 한 달 만에 생산하는데, 1평당 3~4단을 생산한다고 한다. 1년에 3모작을 하며, 생산 단가는 경매가로 1단에 6,000원 정도로 200평당 대략 500만 원 정도의 수익을 올린다고 한다. 요즘 농촌도 수입이 짭짤하다. 그래서 벌교에서는 돈이나 주먹 자랑 하지 말고, 순천에서는 인물 자랑 하지 말며, 여수에서는 멋 자랑 하지 말라는 옛말이 있다고 한다.

청암마을 쪽파밭을 가로질러 보성비봉공룡공원 입구에서 해안가로 내려가 공룡조각상을 구경했다. 공룡알 쇼, 3D 영상쇼, 워킹 공룡쇼 등을 관람할 수 있는 공룡박물관을 지나 보성비봉마리나에 도착했다. 요트를 즐기고 있는 사람들을 구경하며, 선소어촌체험장을 지나서 득량만에서 조업하는 어선들과 어우러진 해안경치를 감상하며, 선소마을의 드림캠핑장을 지나 득량만 바다낚시공원에 도착했다.

공룡조각상

보성비봉마리나

득량만바다낚시공원

　　귀갓길에 보성읍의 녹차골보성향토시장 내의 '특미관'에서 생삼겹
살로 저녁식사를 했다. 주인도 친절하고, 채소도 신선하며 다양했고, 고
기 맛도 좋았다. 종업원이 너무나 친절해서 약간의 봉사료를 드렸더니,
설명하느라 도무지 식사할 기회를 주지 않아서 힘들었다.

NAMPARANG
ROUTE
77

선소항 입구 ~ 율포솔밭해변

보성생태문화탐방로를 걸으며 득량만 해안 풍경을 만끽하고

 거리(km)
12.2

 시간(시, 분)
4:00

 도보여행일: 2022년 10월 08일

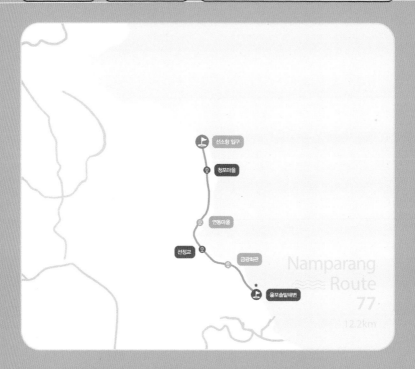

보성 & 고흥구간

	1.1k 0:20		3.3k 1:00	
선소항 입구		청포마을		연동마을

1.3k
0:20

	2.7k 1:00		3.8k 1:20	
율포솔밭해변		금광회관		선정교

남파랑길 77코스 (선소항 입구 ~ 율포솔밭해변)
보성생태문화탐방로를 걸으며 득량만 해안 풍경을 만끽하고

석간마을 갯벌

보성으로 내려가는 길에 전남 화순읍 재래시장 내의 '화순옛날두부'
에서 아침식사를 했는데, 기대치가 너무 컸던 것 같았다. 실내 장식은
멋지게 꾸며놓았는데, 진안의 화심순두부 맛에 길든 내 입맛에는 조금
그랬다.

　임진왜란 당시 이순신 장군이 무기와 군량을 모으고 병선을 만든 곳
이라는 선소항의 바다낚시공원을 출발하여 비봉공룡알화석지로 갔다.
보성의 비봉공룡알화석지는 우리나라 최대의 공룡알 둥지가 발견된 곳
으로, 1억 년 전 중생대 백악기 시대의 150여 개 공룡알과 17개의 공룡
알 둥지가 발견되었다고 한다. 2000년 4월 24일 천연기념물 제418호로
지정되어 보호되고 있으며, 기네스북에도 올라 있다고 한다.

비봉공룡알화석지

공룡알화석지를 둘러보고, 해안가 집의 예쁘게 꾸며놓은 정원을 감상하며 공룡로를 걸어서 청포마을에 도착했다. 청포마을회관 뒤편에 서 있는 큰 바위가 인상적이었다. 객산교회 앞의 고추밭에 고추꽃이 하양게 피었다. 가을 추수가 끝났는데도 마지막으로 열매를 맺는 것 같았다. 저 파란 끝 고추를 따서 찹쌀가루를 무쳐 쪄서 말린 다음 튀겨 놓으면 일류 반찬이 되는데… 어릴 적 어머님 생각이 났다.

객산리 마을 표지석을 지나 쪽파밭과 어울린 객산마을 정경을 감상하며, 무지개골 큰 재를 넘어 해안로를 따라 걸어서 연동마을에 들어섰

다. 저 멀리 맞은편으로 고흥만방조제와 썬밸리리조트가 보였다. 연동
마을을 지나 공룡로를 걸으며 남해 앞바다 득량만의 풍경을 감상했다.
쪽파밭에는 쪽파가 파릇파릇 자라고 있었고, 호박밭에는 누렇게 익은
늙은 호박이 뒹굴고 있었다. 겨울 감자밭의 하얀 감자꽃들과 브로콜리
가 어우러진 마을 풍경이 가을의 풍성함을 느끼게 했다.

연동마을

연동마을 감자밭

감자꽃

원산마을 입구를 거쳐 천포마을에 도착하니 주변 왕새우양식장에서 물속에 산소를 공급하는 수차들이 물보라를 일으키며 쉼 없이 돌고 있었다. 아름다운 회죽천 갈대습지를 감상하며 득량만 해안길을 따라 서당리를 지나 마산골 골짜기의 마산마을에 도착했다.

마산마을

득량만 바다를 바라보며 다향길 2코스를 따라 석간마을에 도착하니, 쪽파밭이 많이 눈에 들어왔고, 밭마다 쪽파들이 싱싱하게 자라고 있었다. 석간마을은 마을 앞바다에 바위가 옹기종기 모여 있어 석간(돌틈)이라 불렀다고 하며, 이곳에서 기와를 굽기도 했다고 한다. 득량만 갈대밭과 아름다운 갯벌 풍광에 취해 걷고 또 걸어서 금광마을에 도착하니 온 동네가 아름다운 벽화들로 가득했다. 수평선 너머로 떠오르는 태양을, 넋을 잃고 바라보는 해돋이 벽화 그림이 가장 인상적이었다.

석간마을

금광마을벽화

우암길을 따라 걸어가면서 해안 풍경을 감상하는데, 신율포항 갯벌에서 아낙네가 조개를 캐느라 분주했다. 우암선착장에 도착하니 보성생태문화탐방로 표지판이 서 있었다. 한국차박물관에서 출발하여, 대한다원, 봇재다원, 승설다원, 영천제, 율포솔밭해변, 금광마을, 칠산공원, 연동마을 등을 지나 득량만까지 연결되는 총 42.195km의 보성생태문화탐방로와 약 24km의 다향길 1, 2코스를 보성군에서 조성해 놓았다. 전국에 걸어봐야 할 아름다운 길들이 너무나 많았다.

우암길

우암선착장

우암선착장 등대에서 득량만 일대의 해안 풍경과 율포솔밭해수욕장의 풍경을 감상했다. 많은 관광객이 백사장을 거닐면서 하트 조형물을 배경으로 기념사진을 찍느라 분주했고, 솔밭에 텐트족도 많았다. 코로나19 팬데믹 이후 모처럼 많은 사람들을 만나서 좋았다.

율포솔밭해변

동생 병선이가 형님 칠순을 축하한다면서 저녁식사를 대접했다. 장흥읍의 취락식당에서 한우 등심 키조개 삼합으로 저녁식사를 하였는데, 반찬도 깔끔하고 주인도 친절해서 좋았다. 노희자가 20만 원, 진성화가 100만 원의 축하금을 주어서 식사도 푸짐하게 잘하고, 돈도 챙겨서 너무나 행복했다. 역시 가족이 최고임을 절감했다.

장흥에서 꼭 먹어봐야 하는 음식 중 하나가 소고기 삼합이다. 장흥 소고기 삼합은 한우고기, 키조개 완자, 표고버섯을 함께 구워 먹는 것으로, 맛과 향이 독특하다. 장흥 토요시장 주변이나 장흥읍 곳곳에 소고기 삼합으로 유명한 식당들이 즐비하다.

율포솔밭해변 하트 조형물

NAMPARANG
ROUTE
78

율포솔밭해변 ~ 원등마을회관

수문항의 바다하우스에서 장흥 키조개요리의 진수를 맛보고

 거리(km)
18.3

시간(시, 분)
6:30

도보여행일: 2022년
10월 08일~09일

Namparang
Route
78
18.3km

장흥 & 강진구간

	1.4k 0:30		1.7k 0:30	
율포솔밭해변		명교해변		전일교

4.8k
1:30

	1.6k 0:40		0.8k 0:20	
해안교		수문해수욕장		스파리조트 안단테

1.7k
0:40

	2.3k 1:00		4.0k 1:20	
사촌복지회관		해창마을회관		원등마을회관

남파랑길 78코스 (율포솔밭해변 ~ 원등마을회관)

수문항의 바다하우스에서 장흥 키조개요리의 진수를 맛보고

수문해수욕장 갈매기

율포솔밭해수욕장에서는 매년 1월 1일에 해맞이 행사를 한다. 축하 공연과 함께 달집태우기, 소원지 적기 등의 행사를 하고, 떡국을 나누어 먹는다. 율포해수녹차센터의 녹차해수탕도 가볼 만하고, 주변의 대한다 원, 한국차문화공원과 녹차밭도 둘러볼 만하다.

10월 8일 토요일, 오후 3시에 율포솔밭해변을 출발했다. 해돋이민박 앞의 데크에서 해수욕장의 풍경을 감상하고, 율포항을 지나 율포선착장 과 다항올림촌을 둘러보았다. 해변의 조형물에 걸터앉아 기념사진도 찍 으면서 해안경치를 감상하고, 명교해수욕장의 해송 숲길을 걸으며 바다 향과 솔향에 취해보았다.

명교해수욕장

　회천생태공원을 지나 회천교를 건너고, 전일교에서 회천천 변을 따라 해안가로 나갔다. 감자밭에는 겨울 감자가 탐스럽게 하얀 꽃을 피웠다. 왕새우양식장을 구경하며 해안도로를 따라 걸으며 군학항과 군학해변 해송길을 지나, 용곡교차로의 스파리조트 안단테 입구에서 일정을 마감했다. 오후 6시, 장흥 콜택시를 불러서 선소항 바다낚시공원에 도착한 다음, 승용차로 장흥 읍내의 숙소로 이동했다.

회천천변

남부관광로(득량만)

　　10월 9일 일요일, 새벽부터 세찬 바람과 함께 비가 내렸다. 장흥토요
시장에서 소머리국밥으로 아침식사를 하고, 스파리조트 안단테 입구에
도착하여 우의를 입고 출발했다. 해오름펜션의 너와집 지붕이 인상적이
었다. 바닷가로 내려가 수문해수욕장을 걸어가는데, 용곡마을 앞의 전
망데크에 갈매기들이 줄지어 앉아 있었다. 사진을 찍으며 자리를 교대
해 득량만 일대의 해안경치를 감상했다.

스파리조트 안단테

수문해수욕장

수문항에 도착하니 키조개 상설전시판매장 앞에 커다란 키조개 조형물이 서 있었다. 모양이 곡식을 까부르는 '키'를 닮아서 '키조개'라고 하며, 우리나라에서 유일하게 득량만의 수문 앞바다에서만 양식한다고 한다.

수문항 키조개 조형물

수문마을 100여 호가 양식사업에 참여하고 있으며, 이곳에서 생산되는 키조개는 황금색 빛깔로, 맛과 영양 등 품질이 특히 우수하여 60% 이상을 일본에 수출한다고 한다. 2007년 장흥 출신의 소설가 한승원이 장편소설 '키조개'를 써서 더욱 전국에 알려지게 되었다고 한다.

장흥 키조개거리를 둘러보고, 해안교를 건너 정남진 종려거리 기념탑을 지나 여다지해변의 산책로를 걸었다. 여다지 모래언덕 위에 해변을 따라 한승원 작가의 30여 개의 시를 전시한 '시가 있는 여다지 바닷가 산

한승원산책길

책로'를 조성해 놓았다. 한승원 산책로를 걸으며 해안경치를 감상하고, 쪽파밭과 어울린 월송도자기 풍경도 감상하며, 정자쉼터에서 잠시 쉰 다음, 장재교를 지나 사촌복지회관에 도착했다.

사촌제방둑길

    사촌제방둑길을 걸으며 장재도와 정남진대교의 풍경을 감상하고, 간척지 황금빛 들판의 가을 풍경을 감상했다. 벼 수확이 끝난 논에서는 둥근 배일들을 트럭에 싣고 있었다. 마을 초입에 큰 느티나무와 정자가 있는 언덕을 넘어 해창마을로 접어들었다. 해창마을회관을 지나면서 본 낙지를 잡기 위한 소라껍데기 어망이 매우 인상적이었다.

    일림산 능선 아래 황금빛으로 물든 지천마을 풍경을 감상하며, 남상천 농로를 따라 걸었다. 하얗게 핀 갈대꽃 터널과 황금 들녘의 가을 풍경을 감상하며 걷고 또 걸었다. 환상적인 경치였다. 몸은 피곤하지만, 머리는 맑고 개운했다.

남상천

　멀리 사자두봉과 어우러진 덕암지천마을 풍경을 감상하며 남상천
둑길을 걸어갔다. 원등마을 입구까지 휘바늘꽃과 분홍베늘꽃을 심어놓
았는데, 꽃이 피어 너무나 아름다웠다. 상쾌한 기분으로 한 농가의 팜파
스그라스를 구경하며 원등마을회관에 도착해서 남파랑길을 가는 한 도
보꾼을 만났다. 오랜만에 만나서 반가웠고, 홀로 트레킹을 하며 인생을
즐기는 모습이 아름다워 보였다.

분홍바늘꽃

덕암지천마을

오후 5시에 일정을 마감하고, 수문항의 원조 키조개 요리 60년 전통의 3대 전수자인 '바다하우스'에서 키조개 코스요리로 저녁식사를 했다. 키조개구이, 키조개 회무침, 키조개탕이 가마솥 밥과 어울려 별미였다. 난생처음 먹어보는 요리로, 비주얼과 맛이 뛰어났고, 장흥 소고기 삼합 때 먹은 키조개 완자 맛과는 또 다른 느낌이었다. 꼭 한번 다시 찾아오고 싶은 곳이었다.

바다하우스의 키조개 완자

NAMPARANG
ROUTE
79

원등마을회관 ~ 회진시외버스터미널

정남진전망대에서 득량만 일대의 섬들을 조망하며

 거리(km)
26.5

 시간(시, 분)
9:00

 도보여행일: 2022년
10월 09일~10일

원등마을회관

풍길삼거리

산정삼거리

죽청마을

시금마을

삼산방조제

정남진전망대

한재고개

회진시외버스터미널

Namparang
≋ Route
79

26.5km

★ 꼭 들러야 할 필수 코스!

장흥 & 강진구간

	2.7k 0:40		3.2k 1:00	
원등마을회관		풍길삼거리		산정삼거리

3.8k 1:10

	1.1k 0:30		4.2k 1:30	
삼산방조제		사금마을		죽청마을

3.8k 1:20

	5.2k 2:00		2.5k 0:50	
정남진전망대		한재고개		회진시외버스 터미널

남파랑길 79코스 (원등마을회관 ~ 회진시외버스터미널)
정남진전망대에서 득량만 일대의 섬들을 조망하며

정남진전망대

남상천

10월 9일 일요일 오후 2시, 원등마을회관을 출발하여 덕암교를 건너 남상천 변을 따라 걸으며 농어두마을에 도착했다. 농어두마을이라고 새겨진 비석과 베일들이 쌓여 있는 마을 초입을 지나 뒷산의 바위들과 어울린 마을 풍경을 감상하며 걸었다. 가족묘의 합동 제단 바닥에 자갈을 깔아놓은 모습이 눈길을 끌었다. 벌초할 사람들이 없어서 묘의 바닥에 잔디 대신 콘크리트를 치거나 자갈을 깐 모습들이 전라도 지방의 묘에서 많이 볼 수 있었다. 장례문화가 많이 변하는 것 같았다.

멀리 사자산, 일림산 능선과 어우러진 지천마을, 풍길마을의 가을 풍경을 감상하며 두암마을에 도착했다. 두암마을 농장에서 토종닭들과 노니는 거위들을 구경하며 풍길삼거리를 지나 신풍마을로 접어들었다.

두암마을

접정남포로의 포장도로를 걸어 산정경로당에 도착하니, 산정마을 유래비가 있고 조롱박이 탐스럽게 매달려 있었다. 오후 4시, 산정삼거리에서 일정을 마감하고 장흥 콜택시를 불러 스파리조트 안단테로 이동했다.

10월 10일 월요일 새벽 5시에 기상해서, 장흥읍의 장흥대교를 건너 탐진강 변을 거닐며 장흥 토요시장을 구경했다. 억불산과 사자두봉이 정면으로 보였다.

해발 518m의 억불산에는 정상까지 3.8km의 무장애 데크길을 설치해 놓아서 누구나 정상까지 쉽게 오를 수 있고, 정상에 서면 며느리바위와 제암산~사자산~일림산으로 연결되는 장쾌한 능선과 사자두봉이 눈앞에 조망된다. 억불산에는 편백숲 우드랜드가 조성되어 있어서 목재문화체험관을 관람하고, 편백숲 길을 걸으며 우드랜드를 둘러보고, 편백소금집에서 소금 사우나를 즐겨보면 좋을 듯하다.

우드랜드 가는 길목에 장흥 귀족호두박물관이 있다. 귀족호두란 장흥에서만 자생하는 특산품으로, 속에 내용물이 거의 없고 외형이 울퉁불퉁한 각진 모양을 한 호두다. 주로 손 마사지나 지압에 사용된다. 귀족호두 2알 한 세트의 가격은 대략 수십만 원을 호가하는데, 3각과 4각은 30만~40만 원 정도라고 한다. 현재 귀족호두박물관에서 가장 비싼 호도는 2012년 태풍 '볼라벤' 때 쓰러진 300년 된 호두나무에서 채취한 6각 호두로 한 쌍 가격이 약 1억 원을 호가한다고 한다.

아침 7시에 회진시외버스터미널에 도착해서 아침식사할 식당을 찾아보았으나 문을 연 식당이 없었다. CU편의점에서 컵라면과 햇반으로 간단히 아침식사를 하고, 택시로 산정마을 산정삼거리에 도착해서 트레킹을 시작했다.

꼬막재를 넘어 상발마을로 들어섰다. 길가에는 해바라기가 탐스럽게 익어 고개를 숙였고, 마을 담장에는 동백꽃으로 예쁘게 벽화를 그려놓았다. 할머니 한 분이 잘 익은 대봉감을 손질하고 있었다. 가을은 수확의 계절이라는 풍성함이 실감 났다.

해바라기

자라섬과 저 멀리 지나온 고흥반도의 해안 풍경을 감상하며 정남진 해안로를 걸었다. 길가에 주렁주렁 매달린 자귀나무 열매가 가을이 서서히 지나감을 알려주었다.

정남진해안로

정남진표지석

죽청마을의 정자쉼터에서 잠시 휴식을 취한 다음, 고마리방조제 옆 농로를 따라 걸었다. 우측으로 광활한 간척지의 무르익은 황금빛 가을 풍경과 천관산 능선이 어울린 경치가 장관이었다. 해안로를 질주하는 한 무리의 오토바이 폭주족들을 보내고, 사금마을회관을 지나 정남진표지석이 서 있는 정자쉼터에 도착했다.

죽청마을

서울 광화문을 기점으로 위도상 가장 동쪽을 정동진, 서쪽을 정서진, 경도상 가장 남쪽을 정남진, 북쪽을 정북진으로 나뉘는데, 정동진은 강원도 강릉시 강동면 동해바닷가 해돋이 명소, 정서진은 인천광역시 서구 경인아라뱃길 관광지, 정남진은 전라남도 장흥군 관산읍 신동리 나루터, 정북진은 압록강 상류 중강진 지역을 가리킨다고 한다.

월출산, 내변산, 추월산, 내장산과 더불어 호남 5대 명산 중의 하나인 장흥의 천관산은 환희대, 구정봉, 지장봉, 진죽봉, 구룡봉, 양근암, 정원암, 문바위, 아육왕탑, 책바위, 거북바위 등 기암괴석이 곳곳에 산재해 있는 바위 전시장이다. 북쪽에 천관사, 장안사, 남쪽에 탑산사가 있으며, 정상인 연대봉에서 제암산, 무등산, 다도해해상공원을 바라보는 조망이 압권이고, 10월 중순경 연대봉에서 환희대 사이의 억새군락지 경치가 매우 아름답다.

천관산 환희대에서 바라본 다도해 풍경

삼산방조제

　3km가량의 삼산방조제를 걸으며 삼산호 너머로 펼쳐지는 천관산 능선과 간척지의 가을 풍경을 감상했다. 삼산방조제는 해송, 가시나무, 아왜나무, 애기동백 등으로 해안 방풍림을 조성해 놓아서 좋았다. 삼산 배수갑문을 지나 정남진전망대로 올라갔다.

　46m 높이의 정남진전망대에 올라서 삼산호 주변 간척지와 삼산방조제의 경치를 바라보니 탄성이 절로 나왔다. 정남진전망대 주변 곳곳을 둘러보고 내려오는 길에 정남진테마숲공원과 대중스타조각공원을 감상한 후, 관덕방조제 아래 농로를 따라 걸으며 조밭 풍경과 아름다운 갈대숲을 구경했다. 가을이라 갈대꽃이 예쁘게 피었다.

정남진방조제

정남진전망대

정남진방조제에서 바라본 천관산

갈대꽃과 어우러진 천관산의 환상적인 경치를 감상하며 정남진방조
제를 지나 회진로를 거쳐 신상마을에 도착했다. 신상마을 보호수인 은
행나무 아래에서 메주할멈 이야기인 '들돌의 전설'을 읽어보고, 들돌도
구경했다. 별것은 아니었지만, 스토리가 재미있었다.

한재고개 오름길에 있는 쉼터인 '아래 변덕지'에서 잠시 쉬면서 신
상마을과 정남진전망대 주변 남해바다 풍경을 감상했다. 너무나 아름답
고 환상적이다. 한승원 생가를 둘러보고 한승원 소설문학길을 따라 한
재고개로 올라갔다.

신상마을

덕산리와 신상리 사람들이 넘
나드는 통로인 한재고개를 올라
정상의 한재공원에 도착하니, 할
미꽃 모양의 대형 스테인리스 조
형물과 표지석이 있었다. 한재공
원 부근은 10만여 평에 걸쳐 우리

한재공원

나라 최대의 할미꽃 야생화군락지로 특별히 관리되고 있었다. 매년 4월
초에 '할미꽃 봄나들이 축제'가 열린다고 한다.

한재고개를 넘어 넉산마을과 회신항 풍경을 감상하며 회신시외버스
터미널에 도착하여 일정을 마감하고, 귀갓길에 광주 송정역 부근의 떡
갈비골목에서 저녁식사를 했다.

NAMPARANG
ROUTE
80

회진시외버스터미널 ~ 마량항

정남진해안도로를 걸으며 개매기체험장과 매생이양식장을 만나고

 거리(km)
20.0

 시간(시, 분)
7:00

 도보여행일: 2022년 10월 22일

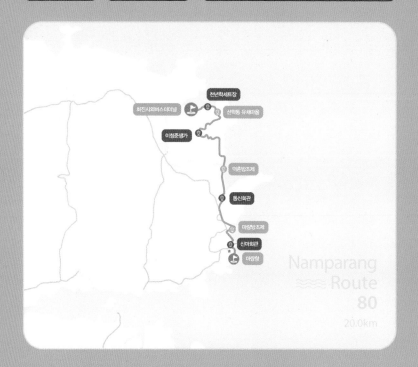

★ 꼭 들러야 할 필수 코스!

장흥 & 강진구간

2.4k
1:00

1.0k
0:20

회진시외버스
터미널

천년학세트장

선학동 유채마을

3.5k
1:40

3.4k
1:20

4.2k
1:10

동신회관

덕촌방조제

이청준생가

3.0k
0:50

1.1k
0:20

1.4k
0:20

마량방조제

신마회관

마량항

남파랑길 80코스 (회진시외버스터미널 ~ 마량항)

정남진해안도로를 걸으며 개매기체험장과 매생이양식장을 만나고

선학동 유채마을

회령진성

10시 정각에 회진시외버스 터미널을 출발해서 회령진성 역사공원으로 올라갔다. 회령진성은 조선시대 남해에 출몰하는 왜구를 방어할 목적으로 축조된 성으로, '회령숭상'이라는 조형물과 명량대첩 때 이순신 장군의 마지막 전선 12척을 상징하는 돌의자 12개가 있었다. 추수가 거의 끝난 10월 하순의 덕흥들과 어우러진 천관산 풍경이 무척 아름다웠다.

회진항을 감상하며 회진초등학교를 지나 해안을 따라 걸어갔다. 길가에 핀 완두콩 꽃을 구경하며 가학회진로를 걸어가는데, 도로 옆에 낙지 어망을 많이 쌓아놓았다. 신기해서 가까이 가서 살펴보고, 회진항 앞바다에 넓게 펼쳐진 김 양식장을 구경하며 선학동의 천년학 세트장에 도착했다.

가학회진로

낙지 어망

천년학 세트장

먼나무 　　　　　미백길

　　방조제 배수갑문 앞의 선학동 표지석을 지나, 붉은 열매가 주렁주렁 달린 먼나무 가로수길을 걸으며 선학동 유채마을에 도착했다. 선학동마을은 마을을 감싸고 흘러내린 공지산자락과 마을 앞에 펼쳐진 득량만 바다 풍경이 너무나 아름다워, 이곳을 배경으로 장흥 출신의 이청준 작가가 단편소설 '선학동 나그네'를 창작하였다고 한다. 이후 영화의 거장 임권택 감독이 소설 '선학동 나그네'를 원작으로 '천년학'을 영화화해서 유명하게 되었다고 하며, 봄에는 노란 유채꽃밭과 가을에는 하얀 메밀 꽃밭을 조성해 놓아 남도의 관광명소로 알려지게 되었다고 한다. 이청준 소설문학길을 따라 마을 뒤 언덕을 오르다 무더위 쉼터에서 잠시 휴식을 취했다.

큰산밑골 못 미처 빨간 지붕의 무더위 쉼터에서 메밀밭에 둘러싸인 선학동마을과 득량만 푸른 바다의 풍경을 감상하고, 나무 계단을 밟으며 공지산 고갯마루를 넘어 이청준 생가가 있는 진목마을로 내려갔다. 이청준 생가를 둘러보고 마을을 지나는데, 담장에 담쟁이덩굴잎이 빨갛게 물들어 창문에 모자이크한 것처럼 너무나 아름다웠다. 아직 가을걷이가 끝나지 않은 덕촌간척지 들판의 풍경과 은빛 갈대물결, 천관산 풍경을 감상하며 긴 농로를 따라 덕촌방조제를 걸어갔다.

덕촌방조제

대덕읍(천관산)

덕촌배수갑문에서 각종 어구와 선박들을 구경하고, 천관산 아래 대
덕읍의 풍경을 감상했다. 우사에 있는 소들을 구경하며 정남진해안도로
를 걷는데, 벼들이 누렇게 익어서 황금 들판을 이루었다.

신리마을을 지나가는데 신리 개매기체험장이라는 표지판이 있었다.
'개매기'란 밀물과 썰물의 차가 큰 바닷가에 그물을 쳐 놓은 후, 밀물 때
조류를 따라 들어온 물고기 떼가 썰물 때 그물에 갇히면 맨손으로 고기
를 잡는 어업 방식이라고 한다. 신리마을 앞 100ha(33만 평) 넓이의 갯
벌에 약 4km 정도에 걸쳐 그물망을 미리 박아두고, 연 4회(7월~10월)
에 걸쳐 축제 형식으로 개매기체험을 진행하고 있었다. 참가자들은 참

가비를 내고 물고기를 담을 수 있는 그릇, 장화, 여벌의 옷 등을 준비해서, 숭어, 농어, 돔, 전어, 가오리 등을 잡아간다고 한다.

농촌 풍경을 감상하며 장흥대로를 걸으며 동신마을과 서신마을을 지나 상흥천 변을 걸었다. 천변에 핀 갈대꽃이 무성했다. 청자로와 삼마로를 걸으며 마량교 부근에 도착하니 어촌 사람들이 대나무 발을 정리하느라 분주했다. 매생이 양식을 위해 매생이 포자 채묘용 대나무 발을 정비하는 중이라고 한다.

우리나라 남해의 강진군 마량 앞바다가 자연 매생이 서식지라고 한다. 11월 초부터 대나무 발을 얕은 바닷가 자갈밭에 한 달 동안 깔아두면 매생이 포자들이 자연 채묘되는데, 이를 매생이전용 양식장에서 재배하여 1월 초순경부터 수확한다고 한다. 강진, 장흥, 완도에서 전국 생산량의 80~90%를 생산하며, 이 지역 주민들의 겨울철 주요 소득원이라고 한다. 매생이는 칼로리와 지방이 낮고, 단백질과 무기질이 풍부한 알칼리식품으로, 떡국을 많이 끓여 먹는다고 한다.

상흥천

매생이 양식

마량방조제   고금대교

　마량교를 건너 마량방조제를 걸으며 신마회관을 지났다. 신마마을에
서 볏짚 집초기인 레이키가 작업하는 모습을 구경하고, 미항로를 따라
마량항에 도착하여 초입에서 고금대교를 배경으로 기념사진을 찍었다.
　마량항에 도착하여, 한 쌍의 말 조형물이 있는 해상공원에서 강진애
(愛) 노래비 가사도 읽어보고, 마량항 일대의 풍광을 감상했다. 연안에
는 수많은 낚싯배가 정박해 있었고, 해상공원의 힘찬 말 조형물이 붉은
낙조와 어울려 장관이었다. 마량(馬梁)이란 '말이 잠시 머문다'라는 뜻
으로, 마량항은 조선시대 제주도의 말을 한양으로 이동하던 관문이었다
고 한다.

마량항

NAMPARANG
ROUTE
81

마량항 ~ 가우도 입구

가우도 청자타워에서 강진만의 해안 풍경을 감상하고

 거리(km)
15.2

시간(시, 분)
5:30

도보여행일: 2022년 10월 23일

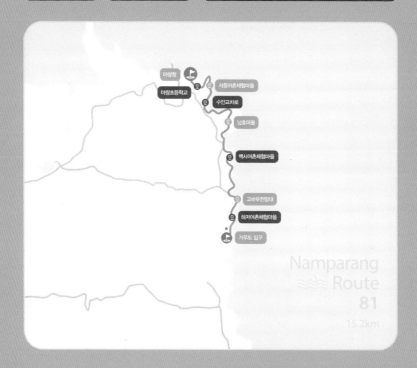

마량항
마량초등학교
서중어촌체험마을
수인교차로
남호마을
백사어촌체험마을
고바우전망대
하저어촌체험마을
가우도 입구

Namparang
Route
81

15.2km

장흥 & 강진구간

	2.1k 0:40		0.5k 0:10	
마량항		마량초등학교		서중어촌체험마을

1.6k
0:30

	3.3k 1:10		2.2k 1:00	
백사어촌체험마을		남호마을		수인교차로

2.6k
1:00

	2.1k 0:40		0.8k 0:20	
고바우전망대		하저어촌체험마을		가우도 입구

NAMPARANG
ROUTE
81

남파랑길 81코스 (마량항 ~ 가우도 입구)
가우도 청자타워에서 강진만의 해안 풍경을 감상하고

청자로에서 바라본 강진만

　　강진에는 1. 무위사 2. 백운동 별서정원 3. 전라병영성 4. 영랑생가 5. 사의재 6. 남미륵사 7. 다산초당 8. 백련사 9. 가우도 10. 고려청자박물관 11. 한국민화뮤지엄 12. 마량미항의 12경(景)이 있다.

　　아침 8시에 마량미항을 출발하여, 수입산, 비브리오균, 바가지요금의 3가지가 없다는 마량놀토수산시장을 둘러보고, 마량초등학교를 지나 해안로를 걸었다. 서중어촌체험마을 풍경과 강진만의 풍경을 감상하며, 후박나무군락지인 까막섬 상록수림을 지났다. 멀리 까막섬 주위의 매생이 양식장의 지주대가 마치 철교처럼 보였다.

마량놀토수산시장

까막섬의 매생이 양식장

　수인마을에 들어서니 마량간척지 들판에서 늦가을 추수로 바빴다. 콤바인으로 벼를 베고, 탈곡하고, 레이키로 볏짚들을 모아서, 베일러로 볏짚을 원형으로 둘둘 만 다음, 랩핑기로 베일을 흰색 비닐로 싸고 있었다. 잠시 걸음을 멈추고 작업하는 과정을 구경하면서 농기계 이름들을 물어보았다. 남파랑길을 걸으면서 농촌 풍경을 관심 있게 보니, 우리나라의 농촌도 많이 기계화되었다. 모를 심는 것부터 추수하는 것까지 모두 기계화되었고, 농약도 드론으로 치며, 밭 곳곳에 스프링클러가 작동하고 있었다.

콤바인(벼 베기)

콤바인(탈곡)

랩핑기

베일러

　내호도와 외호도를 감상하며 구수리카페에서 반서골로 접어들어 남호마을회관을 지나 강진만의 청자로 해안길을 걸어갔다. 10월 하순이라 더위도 다 지나갔고 바닷바람도 시원하여 걸을 만했다.

　갯벌에 울긋불긋 자라고 있는 함초식물들과 강진만 맞은편에 병풍처럼 펼쳐지는 달마산, 두륜산, 주작산, 덕룡산, 만덕산의 장쾌한 암릉 능선을 감상했다. 그야말로 장관이었다. 청자로를 걷다가 갯벌로 내려가서 해안가에서 사진을 찍으며 경치를 즐겼다.

구곡마을

청자로

내호도

    더베이펜션을 지나 청자해안길을 걸으며 백사어촌체험마을에 도착
했다. 앞바다에 흰 모래가 많아서 백사마을이라는 이곳 마을체험장에서
낚시체험, 바지락캐기체험, 통발체험, 해상펜션 등을 체험할 수 있다고
한다. 한 농가의 지붕에 늙은 호박이 탐스럽게 열렸고, 노랗게 익은 화
초가지와 목화가 몽글몽글 피었으며, 해당화 열매가 붉게 익었다. 한 농
가에서 수확한 벼를 건식집진기로 말리는 장면도 볼 수 있었다.

청자로

백사어촌체험마을(호박)

고바우전망대를 지나 강진만해안도로를 걷다가 오후 1시에 삼바우골 버스정류장 부근의 '옛날손짜장'에서 간짜장으로 점심식사를 했다. 남파랑길에서 좀처럼 만나기 어려운 중식집이라 기대를 많이 했는데, 가격은 1.5배가량 비쌌고, 맛은 가격에 비해 별로였다.

해안을 따라 청자해안길을 걸어서 하저어촌체험마을에 도착하니 독살체험장이 있었다. 독살이란 바다 중간쯤 돌들을 쌓아놓고 썰물 때 빠져나가지 못한 물고기들을 잡는 전통방식으로, 하저마을 앞바다에는 군데군데 독살체험장이 많이 있었다.

청자해안길에서 바라본 덕룡산

하저마을 독살체험장

가우도와 망호선착장의 해안 풍경을 감상하며 해안로를 따라 올라 갔다. 사각형 액자 조형물에서 가우도를 배경으로 기념사진을 찍고, 가우도에 도착하여 섬을 한 바퀴 둘러보았다.

가우도는 강진군 도암면 망호리에 있는 강진만의 8개 섬 가운데 유일한 유인도로, 섬의 생김새가 소의 멍에에 해당한다고 해서 가우도라고 부르게 되었다고 한다. 길이 438m의 저두출렁다리를 건너 가우나루 쉼터에 도착해서 모노레일을 타고 정상에 도착했다. 높이 25m의 청자타워에 올라서 강진만 일대의 해상 풍경을 감상하고, 후박나무숲, 짚트랙 등을 둘러본 다음, 스카이워크를 지나 반시계 방향으로 섬을 한 바퀴 돌았다. 출렁다리를 건너 한옥펜션과 마을을 둘러보고, 망호출렁다리, 해상낚시공원, 영랑나루쉼터 등을 구경했다.

가우도

NAMPARANG
ROUTE
82

가우도 입구 ~ 목리교

강진만 생태공원의 백조다리 위에서 갈대숲의 풍경에 빠지다

| 🏃 거리(km)
13.9 | 🕐 시간(시, 분)
4:30 | 📅 도보여행일: 2022년
10월 23일, 29일 |

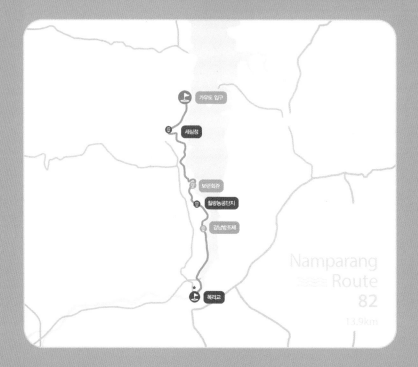

가우도 입구

새심정

보련회관

칠량농공단지

강남방조제

목리교

Namparang
Route
82

13.9km

★ 꼭 들러야 할 필수 코스!

장흥 & 강진구간

| 가우도 입구 | 1.7k 0:40 | 세심정 | 3.2k 0:40 | 보련회관 |

3.4k
1:00

| 목리교 | 3.8k 1:20 | 강남방조제 | 1.8k 0:50 | 칠량농공단지 |

남파랑길 82코스 (가우도 입구 ~ 목리교)
강진만 생태공원의 백조다리 위에서 갈대숲의 풍경에 빠지다

강진만 생태공원의 백조다리

죽도와 봉황 들녘

가우도 청자다리 입구의 폐비닐병을 재활용한 물고기 조형물과 가우도 액자 조형물을 감상하고, 주변을 둘러본 다음 가우도를 배경으로 인증사진을 찍고 출발했다. 가츨 카페를 지나 가우도 짚트랙 하강장에서 중저길을 따라 동산 숲길로 접어들었다. 숲속 전망대에서 강진만과 멀리 해남의 달마산 풍경을 감상하고, 세심정 방향으로 내려오다가 절벽의 바위 위에서 칠량천과 봉황마을 풍경을 감상했다. 봉황마을의 황금 들녘과 칠량천 앞바다의 죽도, 강진만 너머로 만덕산이 어우러진 풍경이 한 폭의 그림 같았다.

봉황 옹기마을

세심정을 지나 23번 국도를 따라 걷다가 제2장계교를 건너서 마을 형상이 봉황을 닮았고 1800년대 후반부터 대중적인 그릇과 옹기를 굽는다는 봉황마을로 들어섰다. 풍성하게 잘 익은 구찌봉을 감상하며 갈대숲을 지나 보련마을회관에 도착했다.

강진만과 덕룡산, 만덕산 풍경을 감상하며 해안길을 걸어갔다. 경치가 너무나 아름답고, 바람도 시원하여 기분이 상쾌했다. 연방죽 갈림길에서 영풍마을로 들어서니 가을 추수를 끝낸 논에서 콤바인으로 논을 정리하고 있었다. 만복마을회관을 지나는데, 모과나무에 누런 모과가 탐스럽게 열렸고, 텃밭에는 씨받이 상추가 위용을 자랑하고 있었다.

만덕산

영풍마을

방조제길을 따라 청자해안로를 걸으며 칠량농공단지를 지나 강남배수문에 도착했다. 배수문 부근에서 고니 한 마리가 물고기를 잡기 위해 물속을 바라보며 집중하고 있는 장면이 인상적이었다. 몰입 그 자체였다.

구로선착장을 지나자, 탐진강의 길고 긴 강남방조제가 나타났다. 강남방조제는 강남배수문에서 탐진강 북단의 목리교까지 조성된 둑으로, 태풍에 의한 바닷물 범람을 막기 위해 만들었다고 한다. 강남방조제를 걸으며 바라보는 강진만 갈대와 만덕산과 만덕마을 풍광이 한 폭의 산수화를 보는 것 같았다.

청자해안로

강남방조제

탐진강 갈대숲

강진 연화마을

　왼쪽으로 탐진강 갈대숲과 만덕산, 강진읍 풍경을, 오른쪽으로 강진 연화마을의 농촌 풍경을 감상하며 강남방조제를 걸어서 한 쌍의 대형 고니 조형물이 있는 강진만생태공원에 도착했다.

　강진만 생태공원에서는 '강진만 춤추는 갈대 축제(2022.10.28.~ 11.06.)' 기간이어서 풍악 소리와 함께 많은 관광객으로 북적거렸다. 하늘로 비상하는 백조 형상의 '백조다리'에 올라가서 강진만 생태공원의 갈대숲을 감상했다. 바람에 나부끼는 갈대들과 탐진강 변의 남포마을 풍경이 환상적이었다.

강진만 생태공원

    갈대숲 데크 탐방로를 걷다가 중간에 설치된 쉼터에서 잠시 휴식을 취했다. 안내판을 보니 강진만에는 꼬막, 바지락, 재첩, 기수갈고둥, 낙지, 망둥어 등의 어패류가 많이 서식하고, 천연기념물인 큰고니, 노랑부리저어새가 철새로 찾아들며, 멸종위기등급인 대추귀고둥이 서식하고 있다고 한다.

갈대숲 데크탐방로

강진만에 살고 있는 어패류

목리교에서 바라본 강진읍

　갈대숲을 거니는 많은 관광객과 어울려 갈대숲 탐방로를 따라 걷다
가, 생태공원 둑 벚꽃나무길을 지나 구목리교에 도착했다. 늦가을 갈대
꽃과 어울린 강진읍 풍경이 무척 아름다웠다.

NAMPARANG
ROUTE
83

목리교 ~ 도암농협

다산 정약용의 발자취를 찾아 다산초당과 백련사를 둘러보고

거리(km)
18.9

시간(시, 분)
6:40

도보여행일: 2022년
10월 29일 ~ 30일

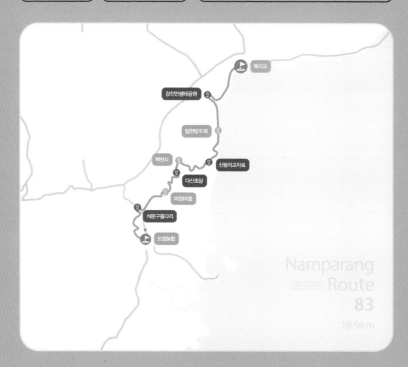

목리교

강진만생태공원

임천항조제

백련사

신평리교차로

다산초당

마점마을

석문구름다리

도암농협

Namparang
Route
83
18.9km

★ 꼭 들러야 할 필수 코스!

장흥 & 강진구간

	2.4k 0:50		3.5k 1:20	
목리교		강진만 생태공원		임천방조제

	2.3k 1:00		1.4k 0:30	1.3k 0:20
다산초당		백련사		신평리교차로

2.2k 0:40	2.8k 1:00		3.0k 1:00	
마점마을		석문구름다리		도암농협

NAMPARANG
ROUTE
83

남파랑길 **83코스** (목리교 ~ 도암농협)
다산 정약용의 발자취를 찾아 다산초당과 백련사를 둘러보고

세종바위포토존에서 바라본 석문공원

강진읍

10월 29일 토요일 오후 2시, 구목리교를 지나 탐진강 변을 따라 강진만 갈대숲으로 내려갔다. 늦가을이라 논에는 추수가 다 끝나서 볏짚을 둘둘 말아놓았고, 강진읍 전경과 어울린 시골 풍경이 아름다웠다.

갈대숲의 데크길을 걸으면서 햇살에 반짝이는 갈대꽃과 조금 전에 지나온 건너편의 백조다리 조망을 감상하며 남포호 전망대 방향으로 내려갔다.

강진만에는 고니, 흰죽지, 청둥오리, 뒷부리도요, 흑부리오리, 민물도요 등이 살고 있고, 대추귀고둥, 붉은말뱅이게가 집단으로 서식한다

는 안내판을 보면서 강진만 생태홍보관에 도착했다. 생태홍보관을 둘러
보고, 탐진강 민물과 강진만 바닷물이 만나는 곳에서 물고기를 잡느라
고 분주한 고니, 큰기러기, 알락꼬리마도요 등의 철새들을 구경했다.

강진만 생태공원

강진만 생태공원

강진만 생태공원 철새

임천방조제

　강진천 갈대숲을 따라 남포마을을 향해 걷다가 멀구슬나무 쉼터에
서 남쪽으로 임천방조제를 따라 걸어갔다. 멀구슬나무 가로수로 잘 조
성된 긴 방조제길을 걸어가며, 강진만의 해안 풍경과 해창 철새도래지
를 감상했다. 궁전비취모텔을 지나 도암면 신평리 교차로에서 일정을
마감했다.

　강진읍의 명동식당에서 남도한정식으로 저녁식사를 했다. 홍어삼
합, 생선회, 전복, 새우, 육회 등 푸짐하게 차려져 나왔다. 홍어삼합을 추
가하여 맛있게 먹었다.

명동식당 한정식

강진은 조선시대 가장 험한 유배지인 제주도로 가는 기착지로서, 유배 장소로 유명했다.

다산초당과 만덕산 백련사, 전라병영성, 영랑생가, 고려청자박물관 등의 관광지가 있으며, 강진읍 한정식 거리에는 해태식당, 청자골종가집, 설성식당, 둥지식당, 강진만한정식, 명동식당, 수인관, 예향, 다강 등 유명한 한정식집들이 즐비하다.

숙소로 돌아와서 TV를 시청하는데, 2022년 10월 29일 20시 22분 서울시 용산구 이태원동 119-7번지 일대의 비좁고 경사진 뒷골목에서 핼러윈 행사 중 인파가 몰려 순식간에 대형 압사 사고가 발생하여, 사망자 156명, 부상자 157명 등 313명의 사상자가 발생했다는 속보가 나왔다. 10월 29일부터 11월 5일까지 국가애도기간으로 지정한다는 뉴스를 보면서 가슴이 먹먹했다.

10월 30일 일요일 오전 8시 30분에 도암면 신평리 교차로를 출발했다. 신평마을에 들어서니 바나나 농장에 바나나가 제법 탐스럽게 열렸다. 우리나라도 기후변화로 기온이 따뜻해져서 바나나 재배가 가능한가보다. 돌담 사이의 선인장에는 붉은 백년초가 다닥다닥 열렸고, 마을 앞 텃밭에는 당근들이 파릇파릇하게 자라고 있었다. 비닐하우스 안에는 양파 모종이 파릇파릇 자라고, 담장에 호박꽃도 예쁘게 피었다.

백년초

동백나무 가로수길을 걸어서 백련사 일주문에 도착했다. 백련사는 신라 문성왕 때 무염 국사가 창건한 천년고찰로, 3월에 꽃이 피는 춘백 군락지로 유명하다. 태종 이방원의 아들 효령대군이 8년간 수행한 사찰이라고 한다. 다산 정약용과 혜장 선사가 서로 교류하며 넘나들던 백련사에서 다산초당을 넘어가는 길 주변에는 높이 7m가량의 동백나무 1,500여 그루가 서식하며 숲을 이루고 있고, 천연기념물로 지정하여 관리하고 있었다.

백련사 대웅보전에 들러서 참배하고, 명부전, 삼성각 등 주변을 둘러보았다. 대웅보전 앞의 커다란 배롱나무가 눈길을 끌었다. 연꿀빵을 만 원어치 구입해서 배낭에 넣고, 동백나무 숲 터널을 지나 일주문에서 다산초당 방향으로 나무 계단을 올라갔다. 백련사~동백나무숲~다산초당~마점마을~용문사~석문공원~사랑구름다리~소석문~도암면사무소로 이어지는 남도 명품길 '인연의 길'을 따라 '천일각'에 도착해서, 강진만의 경치를 감상하며 잠시 휴식을 취했다.

　　해월루와 동암을 둘러보고 다산초당으로 갔다. 다산초당에서 해설사로부터 30여 분간 정약용 선생에 대하여 설명을 들었다. 다산은 조선

다산초당

후기의 실학자로, 천주교(서학)에 관심을 가졌다가 유배당하여 유배 생활을 하던 중, 이곳 다산초당에서 목민심서, 흠흠신서 등 500여 권의 책을 집필하고, 많은 제자를 양성하였다고 한다. 다산이 벗들과 차를 마시며 밤늦도록 학문을 탐구한 장소인 서암의 현판에는 차성각(茶星閣)이라고 쓰여 있었다.

연지 석가산, 약천, 정석 등 주변을 둘러보고, 윤종신 묘를 지나 마점마을로 내려갔다. 한 그루의 낙락장송을 감상하고 농로를 걸으면서 지나온 만덕산 풍경을 되돌아본 후, 마점마을의 잘 익은 대봉감과 단감도 구경하며 숲길을 지나 석문공원에 도착했다.

마점마을에서 바라본 천관산

석문공원

　석문공원 주변에는 단풍이 곱게 물들어 환상적이었다. 용문사 입구를 지나 도암천 다리를 건너 계곡을 따라 올라갔다. 다리에서 바라보는 석문산의 기암괴석과 사랑구름다리가 어울린 풍경이 절경이었다. 사랑구름다리에 올라서 55번 국도 주변의 풍경과 세종대왕탕건바위, 큰바위얼굴, 통천문, 거북이바위, 매바위, 뻐꾸기바위, 부엉이바위 등 주변 경치를 감상했다.

사랑구름다리

　석문산 암릉길을 올라가서 세종바위포토존에서 세종대왕탕건바위를 비롯한 기암절벽과 석문공원 일대의 풍경을 바라보니 너무나 아름답고 환상적이었다.

　낙엽을 밟으면 바스락 소리가 난다는 '바스락길'을 걸으며, 석문산과 덕룡산의 분기점인 소석문을 지나 신리마을로 내려왔다. 신리마을회관을 지나면서 석문산을 바라보니 장쾌한 바위 능선이 가을 추수가 끝난 논과 어울려 아름다웠다.

신리마을에서 바라본 석문산 암릉

　　탐스럽게 열린 피라칸다를 감상하고, 단풍잎이 노랗게 물든 마을길
을 걸으며 도암중학교를 지나 도암농협에 도착해서 일정을 마감했다.
귀갓길에 영암의 독천식당에서 낙지탕탕, 낙지볶음 등 낙지요리로 저녁
식사를 했다.

NAMPARANG
ROUTE
84

도암농협 ~ 사내방조제

사내방조제를 걸으며 두륜산, 주작산, 덕룡산 암릉 풍경에 취해

거리(km)
15.3

시간(시, 분)
5:20

도보여행일: 2022년 11월 05일

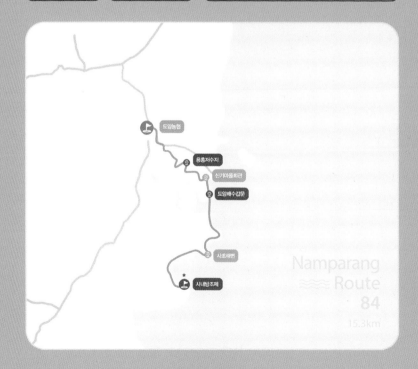

★ 꼭 들러야 할 필수 코스!

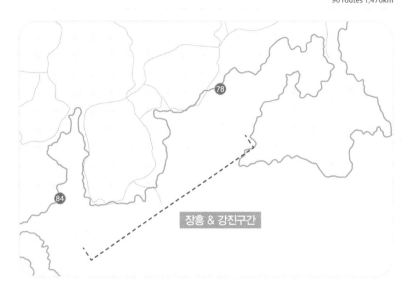

장흥 & 강진구간

도암농협	2.2k 0:40	용흥저수지	1.7k 0:30	신기마을회관

1.5k 0:30

사내방조제	2.4k 1:20	사초해변	7.5k 2:20	도암배수갑문

남파랑길 84코스 (도암농협 ~ 사내방조제)
사내방조제를 걸으며 두륜산, 주작산, 덕룡산 암릉 풍경에 취해

해안관광로에서 바라본 덕룡산 능선

도암면사무소에 주차하고 도암농협을 출발했다. 향촌길 도로변 농가의 담장에 잎이 다 떨어진 담쟁이넝쿨에 포도송이처럼 달린 파란 열매가 신기했다.

향촌마을 사장나무

향촌교를 건너 향촌마을 입구에 도착하니, 향촌마을 사장나무라는 노랗게 물든 큰 느티나무가 있고, 해남윤씨 세장비 및 고영정이라는 2층 전각이 있었다. 주변을 둘러보고, 다산 정약용의 친구 윤서유의 집, 명발당이 있는 향촌마을을 지났다.

용흥저수지   신기마을 여주

    들판의 한우장금농장과 연잎이 가득한 용흥저수지를 구경하며 신기
마을에 도착했다. 신기마을회관을 지나는데, 들판의 폐비닐하우스 안에
추수가 끝난 여주가 탐스럽게 익었다. 너무나 예뻐서 들어가서 사진을
찍고 나오는데, 농부가 차를 타고 나타나서 시비를 걸었다. 왜 남의 농
장에 들어가서 여주를 따느냐고! 배낭을 쏟아 보이면서 사진만 찍었고,
따지는 않았다고 빌고 또 빌었다. 시골 인심 참 고약했다.

    2km의 긴 강진만 해안도로를 걸으면서, 가우도의 망호선착장 및 갯
벌과 어우러진 강진만 반대편의 하저마을 풍경을 삼상했나. 곳곳에 낙
지양식장과 작업 후에 사용하는 물탱크가 인상적이었다. 갯벌에서는 아
낙네가 낙지를 잡고 있었고, 도암천 담수호 철새도래지에는 조류독감
발생으로 출입을 통제한다는 안내판이 서 있었다.

강진만 해안도로

가우도 망호선착장

강진만 해안도로

강진만 해안도로

　　우측으로 담수호의 갈대꽃과 어우러진 주작산과 덕룡산 암릉의 환
상적인 풍광을 감상하며 도암배수갑문을 지나 해안관광로를 걸었다. 강
진만 건너편의 미산마을, 백사마을, 외호도 풍경과 갯벌을 감상하고, 도
암천 갈대숲과 두륜산, 주작산, 덕룡산 능선을 감상했다.

해안관광로에서 바라본 덕룡산

해안관광로에서 바라본 두륜산

해안관광로에서 바라본 백사마을

별정리 논정마을 갯벌체험장과 선착장을 지나 해안관광로 데크 산책로를 걸었다. 홀애비섬과 완도 상황봉 경치를 감상하고, 갯벌에 핀 붉은 염초 식물들과 갯벌 노둣길 및 저 멀리 두륜산 능선이 병풍처럼 둘러싼 풍경을 감상하며 데크길을 걸었다.

홀애비섬 노둣길

홀애비섬

사초항을 지나 사내방조제 시작점인 사초해변공원의 마을 표지석에 도착해서 일정을 마감하고, 해남읍의 천일식당에서 떡갈비와 불고기로 저녁식사를 했다. 20여 가지 반찬이 차려진 상을 통째로 들여오는 것이 인상적이었고, 숯향이 그윽한 떡갈비가 별미였다.

천일식당

NAMPARANG
ROUTE
85

사내방조제 ~ 남창교

두륜산자락에서 해남 배추의 진수를 맛보며

거리(km)
16.5

시간(시, 분)
5:40

도보여행일: 2022년
11월 05일 ~ 06일

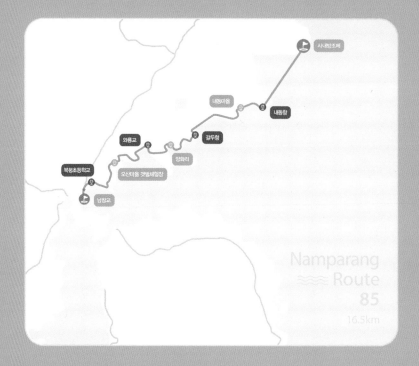

사내방조제

내동마을
내동항

갈두정

와룡교
양화리

북평초등학교
오산마을 갯벌체험장

남창교

Namparang
Route
85
16.5km

완도 & 해남구간

| | 1.6k 0:30 | | 1.2k 0:20 | |
| 사내방조제 | | 내동항 | | 내동마을 |

3.9k
1:30

| 3.1k 1:00 | | 1.8k 0:40 | |
| 와룡교 | | 양화리 | | 갈두항 |

1.8k
0:40

| | 1.9k 0:40 | | 1.2k 0:20 | |
| 오산마을 갯벌체험장 | | 북평초등학교 | | 남창교 |

남파랑길 85코스 (사내방조제 ~ 남창교)
두륜산자락에서 해남 배추의 진수를 맛보며

해남 배추

사내방조제

사초해변공원의 사초마을 표지석을 출발하여 사내방조제를 걸어갔다. 사내방조제는 강진만 신전면 사초리와 해남군 북일면 내동리를 연결하는 3km가량의 둑으로, 왼쪽으로는 강진만 푸른 바다가, 오른쪽으로는 사내호가 펼쳐져 있었다.

철새도래지인 사내호의 하얀 갈대밭과 저 멀리 두륜산에서 주작산으로 이어지는 암릉이 어울려 환상적인 풍경을 자아냈다. 사내방조제 중간지점에서 승두섬 유래비를 둘러보고, 내동리 밭섬 고분군을 지나 내동항에 도착했다. 강진만과 완도의 해안경치를 감상하며 내동마을에 도착하니, 배추밭에 가을배추가 풍성하게 수확을 기다리고 있었다.

사내방조제에서 바라본 두륜산

내동리 밭섬 고분군

내동마을

　배추의 종류도 봄배추, 여름배추, 가을배추, 겨울배추 등 다양하다. 농업기술이 발달함에 따라 사시사철 수확이 가능해졌다. 봄배추는 비닐하우스에서 재배하여 3월 중순~5월 중순에 수확하며 전남 해남, 강원도 영월, 경북 영양 등이 주산지이고, 여름배추는 고랭지 배추로 8월 중순~9월 중순에 수확하며 강원도 평창군 일대와 안반데기가 주산지이다. 가을배추는 김장배추로 11월 중순~12월 중순에 수확하며 전남 해남, 충북 괴산이 주산지이고, 겨울배추는 월동 배추로 2월 상순에 수확하며 전남 해남과 진도가 주산지이다.

11월 6일 일요일 아침 7시에 완도의 원동기사식당에서 아침식사를 하고, 택시를 이용하여 내동마을에 도착해서 해안길을 걸어갔다. 해안 경치를 감상하며 사동길을 걸으면서 고개를 넘어가는데, 마늘밭과 어울린 벌집 마을 풍경이 아름다웠다. 해안을 붉게 물들인 염초와 장죽도, 고마도, 완도 풍경을 감상하며 갈두길을 걸어갔다.

갈두길에서 바라본 장죽도, 고마도, 완도

갈두항   토도

    마늘밭에는 마늘잎이 제법 파릇파릇 자라고 있었고, 곳곳의 배추밭에 배추들이 풍성하게 자라고 있었다. 두륜봉에서 대둔산으로 이어지는 두륜산 암릉을 조망하며 가을걷이가 끝난 농로를 걸어서 방산방조제에 도착했다. 방산마을 앞 방조제의 간척지 들녘과 두륜산 능선이 어우러진 풍경이 환상적이었다.

    갈두항의 정자쉼터에서 잠시 쉬면서 남해바다의 경치를 감상했다. 토도와 장구도가 완도의 상황봉과 어울려 장관이었다.

    갈두리를 지나 신남로를 걸으며 두륜산과 어우러진 만수마을 풍경을 감상하고, 양화리에 도착하니 곳곳이 배추밭이다. 배추밭마다 속이 꽉 찬 배추로 가득했다. 심심하여 가격이 얼마나 될까? 계산해 보았다.

절임 배추 20kg(7~8포기) 한 포대의 가격이 45,000원 정도라고 한다.

배추밭 하나에 골이 대략 100개, 1개 골에 배추가 대략 50포기, 1포기 당 가격을 대략 4,000원으로 계산하면 100×50×4,000 = 20,000,000원.

대략 배추밭 하나에 2천만 원 정도. 인건비와 모종값, 제반 경비를 제하고 나면?

많은 것인가? 적은 것인가? 궁금했다. 올해도 김장을 80포기는 해야 할 텐데!

신남로에서 바라본 두륜산

쪽파밭과 달마산 암릉

　김장철이라 쪽파밭에도 쪽파가 탐스럽게 자랐고, 마늘밭에는 스프
링클러가 열심히 물을 뿌리고 있었다. 쪽파밭에서 달마산과 어우러진
해상 경치를 감상하고, 만수방조제를 지나 해안도로를 따라 와룡마을에
도착했다.

　마을을 감싸고 있는 산자락 모양이 용이 누워있는 형상이라서 이름
붙여진 와룡마을에는 짜우락샘과 노둣길이 있었다. 짜우락샘은 바다에
서 용출하는 용샘으로 와룡의 두 눈에 해당한다고 하고, 노둣길은 어촌
사람들이 육지와 섬, 섬과 섬 사이를 오갈 때 사용하는 징검다리로 갯벌

와룡리 짜우락샘   와룡리 노둣길과 완도대교

에 돌을 놓아 밀물 때는 사라지고 썰물 때만 나타나는 바닷길이다. 주민들은 이 길로 차량과 경운기, 손수레 등을 오가며, 석화, 꼬막, 낙지, 바지락, 감태 등을 채취한다고 한다.

해안도로를 따라 달마산과 완도 상황봉을 감상하며 오산마을에 도착하니 온 천지가 배추밭이었다. 배추밭마다 속이 꽉 찬 배추들로 가득했고, 곳곳에 대단위 절임 배추 공장이 즐비했다. 두륜산자락 아래 들판에서 바닷바람을 맞고 자란 해남 배추가 단맛이 강하고 속이 단단해서 명품 배추로 인기가 높다고 한다. 11일 중순부터 수확해서 다음 해 1월까지 절임 배추를 만들어 전국에 공급한다고 하며, '흙 이야기'에서는 가을배추 절임 작업이 한창이었다. 국내 배추 시장의 대부분을 해남 지역에서 생산한다고 하여 공급했었는데, 직접 와서 보고 엄청난 규모에 놀랐다.

오산마을 배추밭

　2021년도에는 기후가 과습하고 온난해서 전국의 배추에 무름병이 발생했다. 해남에서 절임 배추를 주문하여 김장했는데 모두 물러서 실패했고, 이후부터는 귀찮아도 직접 배추를 구입해서 손수 절여서 김장하고 있다.

　오산마을의 꼬막, 바지락, 석화 면허양식장을 둘러보고, 해안길을 따라 갯벌체험장을 구경하며 남창마을로 들어섰다. 북평초등학교와 남창 시외버스터미널을 지나 달도교차로를 건너서 종착지인 남창교에 도착했다. 완도 섬으로 들어가는 관문이다.

오산마을 갯벌체험장

남창교

NAMPARANG
ROUTE
86

남창교 ~ 완도항 해조류센터

완도 전복거리에서 전복 코스요리를 맛보고

거리(km)	시간(시, 분)	도보여행일: 2022년
25.8	8:30	11월 06일, 12일

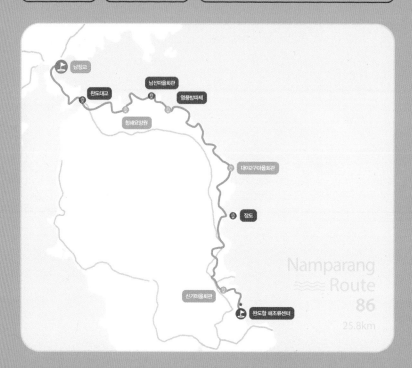

남창교

완도대교

남선마을회관

영풍방파제

청해요양원

내외동구마을회관

장도

신기마을회관

완도항 해조류센터

Namparang
Route
86
25.8km

★ 꼭 들러야 할 필수 코스!

완도 & 해남구간

	2.8k 1:10		2.6k 0:50	
남창교		완도대교		청해요양원

2.3k 0:50

5.9k 1:50		1.3k 0:30	
대야2구마을회관	영풍방파제		남선마을회관

2.7k 0:50

6.4k 2:00		1.8k 0:30	
장도	신기마을회관		완도항 해조류센터

남파랑길 86코스 (남창교 ~ 완도항 해조류센터)
완도 전복거리에서 전복 코스요리를 맛보고

완도 전복거리

남창교를 건너 달도교차로에서 달도마을로 접어들어 달도 테마공
원에 도착했다. 이순신 장군의 호남대장군 이야기를 읽어보고, 섬자리
숲길을 걸으며 대규모 양식장인 범흥수산과 주원수산을 지나 완도대교
밑에 도착했다. 해안길에서 바라보는 완도대교와 원동마을의 풍경이 아

달도 범흥수산

완도대교

름다웠다. 완도대교를 건너면서 다리 위에서 바라보는 원동선착장 풍경도 장관이었다.

원동교차로를 지나 중리해안로를 따라 걸으면서 지나온 완도대교 풍경을 감상했다. 청해진로와 군외중리길을 걸으며 황진리의 청해요양원을 지났다. 남선마을의 커다란 팽나무를 감상하며 꼬막과 바지락이 살고 있다는 군외면의 바다목장길을 걸어갔다. 황진방조제와 황진선착장을 지나며, 앞바다의 계도섬도 구경하고, 인공으로 쌓아놓은 돌섬들과 고마도를 감상하며 해안로를 걸었다.

갑자기 먹구름이 몰려오더니 소나기가 내리기 시작했다. 우의를 입고 비파나무농장을 지나는데, 비파나무에 흰 꽃들이 많이 피었다. 비파나무는 겨울에 꽃이 피고 봄에 열매를 맺어서 여름에 수확하는 여름 과일

비파나무꽃

이다. 중국에서는 아나무 송 잎으로 인기가 매우 높다고 하며, 각종 비타민과 수분함량이 많아서 갈증 해소, 호흡기 건강, 면역력 증강 등에 효능이 있다고 한다. 맛은 살구와 사과를 섞은 맛으로, 먹어보았더니 익숙하지 않은 맛이었다.

남선마을회관을 지나 청해진로를 걸으며 유자밭에 누렇게 익은 유자를 구경했다. 영풍방파제를 지나 영풍마을, 불목방파제, 불목선착장, 고마도여객선대합실, 불목마을을 지나 대창1구마을에 도착했는데, 해안로가 바다와 매우 가까웠다.

청해진로

영풍방파제

대창1구마을

대창2구마을을 지나면서 때늦은 국화꽃과 치자열매를 구경했다. 치자열매가 신기해서 몇 개 따서 배낭에 넣고, 석영수산을 지나 대야2구 해안길로 들어섰는데 길도 없었다. 자갈밭을 걸으면서 사후도선착장을

치자

대야2구해안길

대야2구마을

지나 수산업체 양식장들을 감상하며 전남농업기술원 과수연구소를 거쳐 대야2구마을회관에 도착했다. 마을회관 앞 모과나무와 감나무에 누렇게 익은 모과들과 감이 주렁주렁 달렸다.

장군샘

대창2구 원일수산에서 대야2구마을회관까지 1.9km의 해안길은 만조 시에는 원일수산~대야랜드 우회 노선을 이용하라는 안내표지판이 있었다. 대야리 들판을 가로질러 대야1리마을 회관을 지나 느티나무와 팽나무가 우람하게 서 있는 장좌마을의 장군샘에 도착했다. 장군샘은 통일신라시대 청해진이 설치된 이후 마을 주민들과 병사 가족들의 식수와 빨래터로 사용되던 곳이라고 한다. 앞바다 건너편의 장도에는 해상왕 장보고의 청해진유적지가 있었다.

장보고는 신라 흥덕왕 3년(828년)에 완도에 청해진을 설치하고, 중국과 일본 및 이슬람 세계와도 교역하며 왜구를 소탕하여 무역왕이 되었다고 한다. 목교를 건너 '완도 청해진유적지' 장도로 들어가서, 목책, ㄷ자형 판축 유구, 우물, 외성문, 내성문, 고대 굴립주, 당집 등을 둘러본 다음 해안로를 따라 장보고 공원으로 이동했다.

장도 청해진유적지

장보고 공원에 도착하니 장보고 기념관은 내부 리모델링 공사로 휴관 중이어서 관람하지 못하고, 돌사자 상, 장보고 사당 청해사, 명예의 전당 을 구경한 다음, 죽청마을 장보고 어 린이공원의 장보고 동상으로 이동해 주변을 둘러보았다.

장보고 동상

노래하는 등대   완도항

　죽청농공단지와 신기마을회관을 지나고, 신기대교를 바라보며 신기
해안을 따라 해양수산부 완도합동청사를 지나 완도항방파제의 노래하는
등대로 갔다. 등대에서 바라보는 완도항의 정경이 너무나 아름다웠다.

　입구에 대형 전복조형물이 있는 완도 전복거리에 도착하니 도로 양
옆으로 많은 전복식당들이 있었다. 집집마다 전복으로 가득했고, 호객
행위로 분주했다. 장도에서 해설사에게 물어보았더니, 완도회타운, 대
성회식당, 미원횟집, 해궁횟집 등을 소개해 주었다. 완도 해조류센터에
서 일정을 마감하고, 미원횟집에서 전복 코스요리로 저녁식사를 했다.
전복회, 전복찜, 전복버터구이, 전복볶음, 전복조림, 전복죽, 표고탕수
등, 음식이 푸짐하고, 맛도 좋았으며, 주인도 친절했다. 완도에 가면 다
시 찾아보고 싶은 집이었고, 사전 예약은 필수였다.

전복회

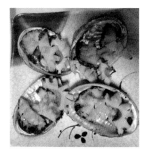

전복버터구이

전복찜

전복조림

전복볶음

NAMPARANG
ROUTE
87

완도항 해조류센터 ~ 화흥초등학교

완도타워에서 완도항과 남해의 조망을 감상하고

거리(km)
18.1

시간(시, 분)
6:00

도보여행일: 2022년 11월 13일

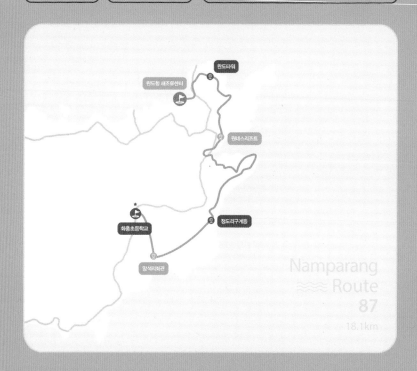

Namparang
≈≈ Route
87
18.1km

완도 & 해남구간

2.5k 0:50		3.2k 1:00	
완도항 해조류센터	완도타워	원네스리조트	

1.0k 0:20

4.4k 1:00		7.0k 2:50	
화흥초등학교	망석리회관	정도리구계등	

남파랑길 87코스 (완도항 해조류센터 ~ 화흥초등학교)
완도타워에서 완도항과 남해의 조망을 감상하고

완도타워

6시에 기상하여 완도 해변공원을 거닐면서 완도항의 풍경과 주도 상록수림, 완도항의 일출 광경을 구경했다. 해조류센터의 옥상에서 바라보는 완도항의 풍경이 장관이었다.

완도항 일출

완도항 해조류센터

간단히 아침식사를 하고, 완
도항 해조류센터를 출발했다.
완도 해변공원의 후피향나무,
완도호랑가시나무 등을 감상하
며 야외무대 공연장을 지났다.
완도항에서 바라본 앞바다의 작

주도

은 섬, 주도의 상록수림이 인상적이었다.

　　완도에서는 장도의 장보고 유적, 장보고기념관, 완도타워, 정도리 구
계등, 청해포구 해신 촬영장, 완도수목원 등이 가볼 만한 곳이고, 완도
항 여객선터미널에서는 청산도, 제주도, 덕우도, 여서도 등으로 가는 배
편이 운행된다고 한다. 완도항 여객선터미널 앞에서 다도해 일출공원으
로 올라갔다. 365일 일출과 일몰을 조망할 수 있다는 일출공원에서 완
도타워까지 오르는 계단을 국화꽃으로 예쁘게 단장해 놓았고, 긴 장미
터널도 설치해 놓았다.

　　소나무가 있는 쉼터에서 완도항의 경치를 감상하고, 길 양옆으로 노
랗게 핀 벌머위꽃을 감상하며, 깅비다닐을 지나 일출계단을 길어서 상
미공원에 도착했다. 일부 관광객들은 모노레일을 타고 오르기도 했다.
장미공원에는 국화꽃으로 장식한 장보고 동상, 펭수, 나비 등 각양각색
의 조형물들이 전시되이 있었다. 조형물을 배경으로 기념사신을 씩고,
완도타워 전망대에 올라 커피를 마시며, 완도항과 다도해 일출공원 전
경을 감상했다. 경치가 너무나 아름다웠고 기분도 상쾌했다.

완도타워에서 바라본 완도항

완도타워를 지나 망남리 고개로 내려가는데, 갈림길에서 동망산 생
태문화탐방로 방향으로 남파랑길 표지 리본이 붙어 있었다. 표지 리본
을 따라 해안가로 내려갔더니 길을 잘못 들었다. 표지 리본의 방향이 잘
못되었다. 되돌아 올라오느라 무척 힘들었고, 리본을 잘못 부착해 놓은
것이 원망스러웠다.

털머위꽃과 완도호랑가시나무를 감상하며, 섬자리 숲길을 따라 돌
담문을 지나 망남리고개에 도착했다. 망남리고개는 1950년을 전후하여
나주 경찰부대가 사상범을 색출한다는 명목으로 완도 군민들을 집단

동망산돌탑길에서 바라본 전복양식장

학살한 현장이었다. 안내판과
거대한 동백꽃 조형물이 세워져
있었는데, 내용을 읽어보며 몹
시 가슴이 쓰리고 아팠다.

황칠나무

　돌탑들이 줄줄이 세워져 있
는 동망산 돌탑길을 따라 걸으
며 망남리 앞바다에 펼쳐진 대
단위 전복양식장을 구경하고, 동백나무 숲길을 지나 망석리에 도착했
다. 곳곳에 황칠나무 재배단지가 많았으며, 황칠나무마다 포도알처럼
파랗게 열매가 익어가고 있었다.

황칠나무는 두릅나무과의 상록교목으로 6월~8월에 황록색의 꽃이 피고, 9월 말~11월에 검은색의 열매가 열린다고 한다. 주로 목공예의 색칠에 사용되며 사포닌 성분이 많아 백숙 등 식용으로도 사용한다고 한다. 도로 공사가 한창인 원네스리조트 앞을 지나 가리포의 석장리 사무소에 도착했다. 석장리 교차로에서 최강 장군 가리포해전 대첩비를 감상하고, 갈대꽃이 무성한 방파제 둑길을 지나 단감농장으로 들어섰다. 농장 사이로 남파랑길을 허락해 주신 농장주인이 무척 고마웠다.

가리포

완도생명농원에서는 폐사 전복을
거름으로 사용하여 단감나무를 재배
한다는 유장원 원장의 단감 맛과 효
능에 대한 설명을 듣고, 단감을 먹어
보았더니 맛도 좋고 과즙도 풍부했
다. 10kg 한 상자당 4만 원씩 주고, 4
상자를 구입하여 아들과 딸들에게 선
물했다.

생명농원 유장원 원장

곱게 물든 단풍나무와 탐스러운 마가목 열매를 감상하며, 동백나무
숲길을 걸으면서 부꾸지를 지나 제1전망대와 제2전망대에서 해안경치
를 감상하고, 정도리구계등에 도착했다.

부꾸지 전 동백나무숲길

제1전망대에서 바라본 해안 풍경

정도리구계등은 몽글몽글한 크고 작은 돌들이 모여 아홉 개의 계단을 이룬다고 하며, 겨울철 일몰과 일출이 장관이라고 한다. 후사면에 탐방로가 잘 갖추어져 있어서 통일신라시대 황실의 녹원으로 사용되었고, 1972년 명승 제3호로 지정되어 관리되고 있었다. 몽글몽글한 돌들이 널려있는 해변에서 돌도 쌓아보고, 맨발로 해변을 걸어보며, 느티나무 복원 공사장도 둘러보고, 단풍나무 숲길도 걸어보았다.

정도리구계등

한국수자원공사에서 정도리의 무궁화나무 제방길을 지나 너른 들판의 화흥포길을 걸어갔다. 멀리 상왕봉 아래로 화흥마을이 보였다. 화흥리 농로를 걸어가는데, 밭에 봄동과 시금치가 파릇파릇하게 자라고 있었다. 내가 어린 시절에는 겨울에 추수하고 난 배추 찌꺼기를 봄에 봄동으로 캐 먹었는데, 지금은 봄동이 별도의 품종으로 재배되고 있었다. 가격도 배춧값과 별로 차이가 없으며 인기도 높았다. 봄동 재배단지는 이곳에서 처음 보았다. 프로골퍼 최경주 선수의 모교인 화흥초등학교에 도착해서 일정을 마감했다.

봄동

NAMPARANG
ROUTE
88

화흥초등학교 ~ 원동버스터미널

상왕봉 가시나무길을 걸으며 완도수목원에서 이나무를 보다

🏃 거리(km)	🕐 시간(시, 분)	📅 도보여행일: 2022년 12월 10일
16.5	6:00	

★ 꼭 들러야 할 필수 코스!

완도 & 해남구간

화흥초등학교	4.7k 2:00	삼밧재	1.3k 1:00	상왕봉

5.8k 1:40

원동버스터미널	3.3k 1:00	바다를담은면	1.4k 0:20	완도수목원

완도수목원

남파랑길 88코스 (화흥초등학교 ~ 원동버스터미널)

상왕봉 가시나무길을 걸으며 완도수목원에서 이나무를 보다

완도수목원

　　화흥초등학교는 우리나라의 유명한 골프선수 최경주의 모교로, 최경주광장이 조성되어 있었다. 드라이버샷을 하는 모습의 동상과 이소미의 플래카드, 후원자 최병욱 선생의 공적비를 둘러보고, 기암괴석의 능선이 장쾌하게 펼쳐 보이는 상왕봉으로 올라갔다.

최경주광장

화흥리에서 바라본 상왕봉

상왕봉 산판도로 가시나무가로수길   참나무 형제들

가시나무가로수길 산판도로를 따라 삼밧재로 올라갔다. 등산로 주변에 가시나무, 동백나무, 후박나무 등 난대림이 울창한 숲을 이루고 있었다. 내륙의 산에는 참나무가 울창한 반면, 섬 지방의 산에는 가시나무가 울창했다. 참나무의 종류에 신갈나무, 떡갈나무, 굴참나무, 졸참나무, 갈참나무, 상수리나무의 6종류가 있는 것처럼, 가시나무에도 가시나무, 종가시나무, 붉가시나무, 개가시나무, 참가시나무, 졸가시나무의 6종류가 있었다.

삼밧재를 지나 조망처에서 완도읍과 백운봉 능선을 감상하고 남근바위에 도착했다. 안내판의 설명을 읽어보고, 우리나라의 토테미즘에 한바탕 웃었다. 곳곳의 남근석을 많이 구경했지만, 상왕봉 남근바위는 별로였으나 설명은 가장 선정적이었다.

남근바위

상왕봉

상왕봉에서 바라본 완도항

통천문에서 기념사진을 찍고, 상왕봉 정상 표지석에 섰다. 정상 데크에서 발아래 펼쳐지는 다도해 풍경을 바라보니, 좌측으로 고금도, 신지도, 청산도, 장도, 주도가 구름 위에 떠 있고, 우측으로 정도리구계등, 어촌민속전시관, 해신 촬영지 너머로 대모도, 소안도, 노화도, 보길도의 풍경이 그림처럼 펼쳐졌다. 정말로 장관이었다.

정상 부근에는 멧돼지들이 땅을 온통 뒤집어 놓았는데, 야생 멧돼지 출몰 지역으로 멧돼지 발견 시 행동 요령 플래카드가 세워져 있었다. 소리 지르거나 등을 보이지 말고, 돌이나 나무로 위협하지 말라고 하는데, 실전에서 현실성 있는 이야기인지 궁금했다. 어찌 되었든 사람이나 동물이나 우선 눈싸움에서 이기는 것이 상책이다.

녹음이 짙은 가시나무 숲길을 빠져나와 백운봉 능선을 바라보며 걷다가 하느재에서 완도수목원 임도로 내려왔다.

가시나무숲길

백운봉

완도수목원   이나무

　제2전망대에서 중앙9길 임도길을 따라 하산하며 녹나무과원, 왜성
침엽수원, 진달래과원, 이끼식물원, 아열대 온실을 거쳐 완도수목원 산
림전시관에 도착했다. 내려오면서 붉은 포도송이가 주렁주렁 달린 듯한
이나무를 만났다. 생전 처음 보는 나무로 잎새 하나 없이 포도송이 같은
붉은 열매만 주렁주렁 달린 모습이 신기했다. 이나무는 나무껍질은 황
백색이며 5월에 황록색의 꽃이 피고, 11월에 붉은 열매가 포도송이처럼
주렁주렁 열린다고 한다. 열매가 아름답고 병충해에 강해서 관상용으로
많이 심는다고 한다.
　완도수목원은 우리나라의 서남단에 위치한 국내 유일의 난대림 수
목원으로 푸른 참나무종인 붉가시나무 군락지가 대단위로 분포해 있었
고, 다양한 식물원과 박물관 등이 조성되어 있었다. 산림전시관 앞에 서
로 마주 보고 서 있는 완도호랑가시나무 암수 2그루를 감상하고, 데크
길을 따라 신학저수지를 지나 초평마을에 도착했다.

원동선착장에서 바라본 달마산

망축리 마을회관을 지나 붉은 열매가 탐스럽게 달린 먼나무 가로수 길을 걸으며 남파랑길 쉼터에 도착하여 잠시 휴식을 취한 다음, 원동선 작장에서 해안경치를 감상했다. 완도대교와 달도지구, 달마산의 풍경이 아름다웠다.

원동버스터미널에 도착하여 일정을 마감하고, 완도항의 청실횟집에 서 참돔회로 저녁식사를 하였는데, 싱싱한 해산물과 쫄깃쫄깃한 참돔회 의 식감이 일품이었다.

NAMPARANG
ROUTE
89

원동버스터미널 ~ 미황사 천왕문

달마고도를 걸어 미황사 대웅보전에 참배하고

| 🚶 거리(km)
13.8 | 🕐 시간(시.분)
4:10 | ☑ 도보여행일: 2022년 12월 11일 |

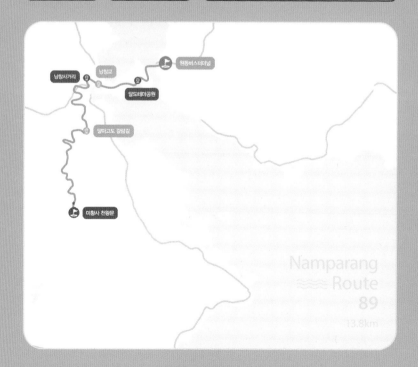

완도 & 해남구간

2.0k
0:40

1.1k
0:20

원동버스터미널   달도테마공원   남창교

0.9k
0:20

3.2k
0:50

6.6k
2:00

미황사 천왕문   달마고도 갈림길   남창사거리

남파랑길 89코스 (원동버스터미널 ~ 미황사 천왕문)
달마고도를 걸어 미황사 대웅보전에 참배하고

달도에서 바라본 달마산 능선

관광객들도 별로 없는 겨울이고 일요일이어서 아침식사를 할 만한 식당이 없었다. 원동버스터미널에서 원동삼거리를 지나 완도대교로 올라갔다. 완도대교 위에서 바라보는 완도선착장 주변 경치와 달도가 어우러진 달마산의 풍경이 장관이었다.

달도나루터에서 완도의 해안경치를 감상하고, 주원수산을 지나 달도지구테마공원으로 접어들었다. 해안길을 걸으면서 달마산 능선을 감상하며 남창교를 건너 북평마을로 들어섰다. 북평중학교와 남창사거리를 지나 대동명품한우식당에서 황칠갈비탕으로 아침식사를 했다. 때늦은 아침이라 배도 고팠지만, 갈비탕의 맛이 진하고 반찬도 정갈하며 음식 맛도 좋았다.

완도대교에서 바라본 달도　　　　　　남창교

　　남창교차로를 지나 땅끝해안도로를 따라 걷다가 현산북평로로 접어들었다. 달마산 능선 아래 추수를 끝낸 시골 풍경이 한가로웠다. 12월 중순인데도 밭에는 추수를 하지 못한 배추들이 많이 남아 있었다. 고개를 넘어 이진마을로 들어서니 들판에 보리싹이 파릇파릇하고 마늘순도 제법 자랐다. 이진초등학교와 이진성지 뒤로 펼쳐 보이는 완도 상왕봉 능선이 아름다웠다.

현산북평로에서 바라본 달마산　　　　　이진마을 마늘밭

달밑골의 상추밭, 마늘밭과 어우러진 이진마을 풍경을 감상하며, 월송리 임도를 따라 바다가 내려다보이는 산자락길을 올라갔다. 멀리 두륜산에서 내려오는 장쾌한 능선과 달마산 관음봉의 정경 및 통신설비 등을 감상하며 산판도로를 걸어갔다.

이진리 이진성지

달밑골에서 바라본 이진마을

산자락길에서 바라본 두륜산

달마산 너덜지대를 지나 임도삼거리에서 미황사 방향으로 걸어갔다. '땅끝천년숲 옛길'을 걸으면서 편백나무 숲길, 편백나무 열매, 멀구슬나무, 삼나무숲, 사스레피나무, 구실잣밤나무, 동백꽃, 황칠나무, 참가시나무 등을 감상하며 미황사에 도착했다.

달마산 너덜지대

달마산 정상 암릉

미황사에 도착하니 90코스 표지판과 달마산 달마고도 안내판이 있었다. 호남정맥의 끝자락인 해남군 송지면에 위치한 달마산은 정상이 불선봉으로 해발 489m이다. 북쪽의 관음봉에서 남쪽의 도솔봉까지 이어지는 능선은 공룡의 등줄기처럼 울퉁불퉁한 기암과 괴석이 12km에 걸쳐서 이어져 있고, 불선봉 서쪽에 미황사가, 도솔봉 부근에 도솔암이 있다. 정상에서 해남의 들판과 남해를 바라보는 조망이 환상적이고, 기암괴석에 제비집같이 붙어 있는 도솔암의 경치가 압권이다.

미황사에서 출발해서 달마산 주위를 일주하는 약 17.7km의 달마고도가 조성되어 있다. 달마고도는 4코스로 구분되는데, 제1코스는 미황사~큰바람재(2.7km), 제2코스는 큰바람재~노지랑골(4.4km), 제3코스는 노지랑골~물고리재(5.6km), 제4코스는 물고리재~미황사(5.0km)이다. 전체를 완주하는 데 대략 7시간이 소요되며 계절과 날씨를 고려하여 능력에 따라 코스를 선택하여 걸어볼 만하다.

달마고도

미황사는 해남의 달마산 서쪽에 있는 신라시대의 천년고찰로 대웅보전, 응진전, 괘불탱 등 3점의 보물이 있다. 사찰이 비교적 조용하며 고풍스럽고, 마당에서 바라보면 달마산 정상의 기암괴석과 어우러진 대웅보전의 풍경이 압권이다.

미황사 대웅보전

미황사 윤장대

대웅보전에 참배하고, 삼성각, 응진전, 범종각 등 사찰 내부를 둘러보았다. 사천왕문을 지나 일주문을 나오는데, 윤장대가 있었다. 윤장대란 불교에서 경전을 넣은 책장에 축을 달아 팽이처럼 돌릴 수 있게 만든 것으로, 이것을 한 바퀴 돌리면 그 안에 있는 경전을 한 번 읽은 것과 같은 의미라고 한다. 글자를 모르는 중생들이 쉽게 공덕을 쌓는 방법이라고 한다. 일주문을 지나 자비의 108계단을 내려와서 주차장에 도착했다.

귀갓길에 해원리 군곡저수지를 지나면서 달마산을 되돌아보니 정상 부근의 기암괴석과 어우러진 산의 풍경이 장관이었다. 광주시의 밥이 맛있다는 초밥집 '상무초밥'에서 저녁식사를 하였는데, '바르게 최고가 된다.'라는 사장님의 경영 이념이 마음에 썩 와닿았다.

달마산

미황사 천왕문 ~ 땅끝탑

땅끝마을 땅끝탑에서 남파랑길 대장정을 완성하다

🏃 거리(km) 15.8	🕐 시간(시, 분) 5:30	📅 도보여행일: 2022년 12월 17일

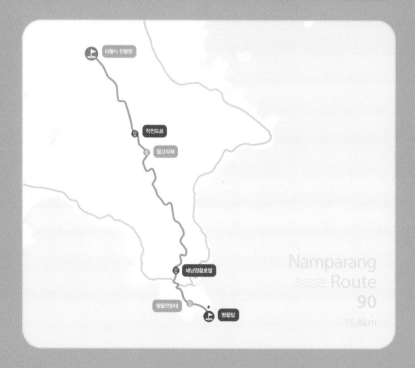

Namparang
≋ Route
90
15.8km

★ 꼭 들러야 할 필수 코스!

완도 & 해남구간

미황사 천왕문	4.6k 1:20	작전도로	0.6k 0:20	물고리재

8.2k
3:00

땅끝탑	0.5k 0:20	땅끝전망대	1.9k 0:30	해남땅끝호텔

남파랑길 90코스 (미황사 천왕문 ~ 땅끝탑)
땅끝마을 땅끝탑에서 남파랑길 대장정을 완성하다

땅끝탑

올해 들어 가장 추운 날이다. 한파가 절정으로 치달아 기온이 영하 13℃에서 영하 20℃로 내려가 전국에 한파경보와 대설특보가 발령되었다. 호남지방에 약 25cm의 눈이 내린다고 하여 폭설과 강풍으로 교통 대란이 예상되었지만, 오늘이 계획상 마지막 날이라 계획대로 출발했다.

미황사 천왕문

광주 상무지구의 서울깍두기에서 아침식사를 하고, 10시 30분에 미황사 주차장에 도착했다. 예상대로 날씨가 무척 춥고 길도 미끄러웠다. 핫팩 등 복장을 단단히 준비하고 자비의

108계단을 올라 미황사 천왕문 앞의 90코스 안내판 앞에 섰다.

안내판을 배경으로 인증사진을 찍고, 천왕문을 출발하여 달마고도 제4코스로 들어섰다. 눈 덮인 동백나무와 소나무숲길을 걸어가면서 상쾌하고 싸늘한 공기를 마음껏 들이마셨다. 새벽에 내린 눈으로 온 천지가 하얗다. 땅끝길을 걸어가면서 부도암, 암자터, 너덜지대, 편백나무숲을 지나 작전도로에 도착했다.

울창한 편백나무숲과 두충나무 조림지를 지나 물고리재에 도착하여

달마고도

달마고도 너덜지대

작전도로 편백나무숲

물고리재

달마고도와 이별하고 송지송호 임도로 접어들었다. 잡목이 우거진 인적이 없는 오솔길이다. 마치 남파랑길 대장정의 완주를 시샘이라도 하듯, 바람이 세차게 불고 날씨도 무척 추웠다. '땅끝 천년숲 옛길'로 들어섰다.

해남군에서는 국토 순례객들의 출발 지점이자 도착 지점인 땅끝마을에서 해남군 옥천면의 '탑동 5층석탑'까지 총 52km의 길을, 땅끝길(땅끝마을~미황사, 16.5km), 미황사 역사길(미황사~봉동계곡, 20.0km), 다산초의교류길(봉동계곡~탑동5층석탑, 15.5km)의 3개 구간으로 나누어 '땅끝 천년숲 옛길'을 조성해 놓았다.

수차례 산 능선을 오르락내리락하면서 숲길을 걸으며, 77번 국도 위 육교를 건너고, 해남땅끝호텔을 지나 산 능선의 김해김씨 문중 묘소에 도착했다. 묘를 잘 정비해 놓은 것으로 보아 뼈대 있는 가문인 것 같았다. 이곳에서 바라보는 땅끝마을 풍경과 땅끝전망대 경치가 매우 아름

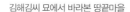
김해김씨 묘에서 바라본 땅끝마을

다왔다.

　망집봉 정자에서 급경사 나무 계단을 내려가 땅끝전망대 주차장에서 다시 땅끝전망대로 올라갔다. 땅끝전망대에서 '남해안 남파랑길 대종주' 현수막을 펼쳐 들고 인증사진을 찍었다. 멋있게 찍으려고 노력했지만, 바람이 너무 세차게 불어서 몹시 아쉬웠다. 주변 사람들이 무슨 일이냐고 묻기에, 부산에서 여기까지 1,470km를 걸어왔다고 하니 놀라며 수군거렸다. 땅끝전망대에서 땅끝마을과 넓은 남해바다의 풍경을 감상했다.

땅끝전망대

땅끝전망대에서 바라본 땅끝마을

단체로 놀러 온 아주머니들이 기념사진을 찍어달라고 했다. 마스크를 쓰고 다닥다닥 붙어 있기에, 마스크를 좀 벗고 조금씩 떨어지라고 했더니, 한 아주머니 왈, "오빠! 내 얼굴 보려고 그러지?" 하신다. 아이구! 정신 차려 아주머니! 나이가 제법 있는데, 착각은 자유지만 주제 파악은 해야지!

땅끝탑

가파른 데크길을 내려가서 '여기는 땅끝, 한반도의 시작'이라는 글귀가 쓰인 땅끝탑에 도착했다. 땅끝탑은 전남 해남군 송지면 갈두리 사자봉 아래, 우리나라 육지의 땅끝인, 북위 34도 17분 38초, 동경 126도 6분 1초의 위치에 세워져 있었다. 조국 땅의 무궁함을 알리는 높이 10m, 바닥면적 $3.6m^2$의 토말비와 함께 전망대도 설치되어 있었다.

바닷바람이 세차게 불었지만, 남파랑길 대종주 현수막을 들고 다시 한번 우리들의 완주를 축하하며 기념사진을 찍었다. 순간순간 힘들었던 시간이 주마등처럼 지나갔다. 2년이라는 긴 세월 동안 힘들고 어려울 때마다 잘 참고 묵묵히 따라준 팀원들에게 진심으로 고맙고 감사했다.

땅끝해안로를 걸으면서 남해안 풍경을 감상하고, 땅끝마을의 삼치회 전문 식당인 '바다동산'에 도착하여 남파랑길 완주 축하연을 가졌다. 요즘 제철 음식인 삼치 코스요리를 주문했다. 삼치 코스요리는 9월~3월에 먹는 계절 별미로, 삼치회, 삼

바다동산의 삼치회

치구이, 삼치튀김, 삼치매운탕 등의 4가지 요리가 나왔다.

상추 위에 약간의 밥을 놓고, 그 위에 삼치회를, 양념간장을 찍어서 올려놓은 다음 묵은 김치를 올려서 먹는데, 그 맛이 일품이었다. 삼치 코스요리의 가격이 1인당 3만 원인데, 삼치회가 너무 맛이 좋아서 2만 원을 주고 삼치회만 1인분을 추가했다. 주인아주머니께서 가족끼리 남파랑길을 완주한 것이 대단하다며, 1인분 가격만 받고 4인분을 더 주셨다. 후덕한 주인아주머니 덕분에 삼치회를 원 없이 먹었다.

12월 18일 일요일, 아침 6시에 기상하여 창밖을 보니 밤새 눈이 내려 수북이 쌓였다. 간밤에 방이 지글지글 끓어서 사지가 쭉 펴지고 피로도 많이 풀려서 좋았다. 전국이 폭설과 한파 소식으로 난리법석이다. 제주도는 적설량이 50cm, 호남지방은 25cm, 설악산은 영하 23.4℃, 서울은 아침 체감온도가 영하 17℃라고 한다. 집에 가야 하는데 큰일이다. 걱정이 많이 되었다.

땅끝마을 해안길을 거닐면서, 맨섬 일출 광경을 감상하고, 땅끝선착

맨섬일출

장, 땅끝전망대 모노레일, 땅끝해양자연사박물관 등 땅끝희망공원 일대
를 둘러보았다.

　　땅끝 해남에는 연봉녹우, 두륜연사, 고천후조, 명랑노도, 우항괴룡,
육단조범, 달마도솔, 주광낙조의 관광 8경이 있었다.

　　송지면 고개를 넘어가는 도로가 제설 작업이 안 되어 자동차가 다닐
수 없다고 한다. 모텔 휴게실에서 커피를 한 잔씩 마시면서 쉬다가, 제
설 작업이 끝난 11시에야 땅끝비치모텔을 출발하여 귀갓길에 올랐다.

땅끝희망공원

땅끝해남관광8경

남파랑길
완주를
마치며

완보인증메달

2021년 3월 6일, 부산 오륙도 해맞이공원을 출발하여 2년 동안 39회에 걸쳐서 2022년 12월 17일에 해남의 땅끝탑에 도착하여 1,470Km의 남파랑길을 완보했다.

부산에서 하동까지의 경상도 구간은 총거리 786km로 41일에 걸쳐 20회로 나누어 완보했고, 하동에서 땅끝까지의 전라도 구간은 총거리 700km로 40일에 걸쳐 19회로 나누어 완보했다.

목적지가 남해에 접해있어서 오고가는 데 많은 시간과 경비가 소요됐다. 교통편은 부산에서 고성의 12코스까지는 KTX 열차를 이용했고, 13코스부터는 승용차를 이용했으며 현지에서는 택시를 이용했다. 장거리 운전에 피로하기도 했고 위험도 따르는 등 어려운 점이 많았다.

숙박은 인접한 도시의 모텔을 이용하였고, 식사는 조식은 간단히, 점심은 비교적 생략하고, 저녁은 그 지역의 맛집을 찾아서 푸짐하게 먹었다. 덕분에 전국의 맛있는 음식을 골고루 맛보았다. 소요경비는 대략

1,480만 원(부부 2인분) 정도 들었다.

남파랑길 완보를 기념하기 위하여 땅끝전망대에서 기념사진을 찍고 땅끝탑에 도착해서 대장정을 마감했다. 계절이 여덟 번 바뀌는 동안 평생 가보지 못할 곳을 걷고 또 걸었다. 가슴이 뿌듯하고 나 자신이 대견스러웠다. 매사에 용기가 나고 자신감이 생겼다. 이대로 내년부터 서해랑길을 가리라 다짐했다.

완보기념사진(땅끝전망대)

땅끝탑

2023년 1월 4일, 한국관광공사로부터 남파랑길 완보인증서와 완보패를 받았다. 4명 것을 모두 합치니 대단한 형제들이었다.

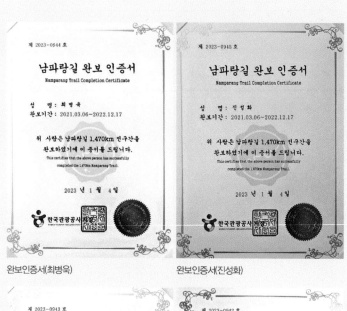

완보인증서(최병욱)　　　　　　완보인증서(진성화)

완보인증서(노희자)　　　　　　완보인증서(최병선)

참고

1) 도보일자별 코스, 거리, 소요시간

회	도보일자	구간		코스	거리 [Km]	소요 시간
01	2022 04.30 ~ 05.01	1박 2일	광양	48, 49, 50	45.2	15:20
02	05.07 ~ 05.08	1박 2일	광양 여수	51 52, 53	39.5	12:30
03	05.21 ~ 05.22	1박 2일	여수	54, 55, 56	38.4	12:50
04	06.04 ~ 06.06	2박 3일	여수	57, 여수관광	18.0	5:00
05	06.18 ~ 06.19	1박 2일	여수	58, 59, 60	38.3	12:50
06	07.02 ~ 07.03	1박 2일	순천 보성	61 62	37.2	12:00
07	07.09 ~ 07.10	1박 2일	고흥	63, 64	31.4	12:10
08	07.23 ~ 07.24	1박 2일	고흥	65, 66	36.0	12:40
09	08.13 ~ 08.15	2박 3일	고흥	67, 68, 69	52.0	17:50
10	09.17 ~ 09.18	1박 2일	순천 고흥	61-1 70	20.4	7:50
11	09.24 ~ 09.25	1박 2일	고흥	71, 72	35.2	12:00
12	10.01 ~ 10.03	2박 3일	고흥	73, 74, 75, 76	61.1	21:20
13	10.08 ~ 10.10	2박 3일	보성 장흥	77 78, 79	57.0	19:30
14	10.22 ~ 10.23	1박 2일	강진	80, 81	35.2	12:30

회	도보일자		구간	코스	거리 [Km]	소요 시간
15	10.29 ~ 10.30	1박 2일	강진	82, 83	32.8	11:10
16	11.05 ~ 11.06	1박 2일	해남	84, 85	31.8	11:00
17	11.12 ~ 11.13	1박 2일	완도	86, 87	43.9	14:30
18	12.10 ~ 12.11	1박 2일	완도 해남	88 89	30.3	10:10
19	2022.12.17	1박 2일	해남	90	15.8	5:30
계		40일	전라도	44개	699.5	237:40

2) 도보일자별 소요경비 내역

단위 : 원

회	도보일자	소요경비내역				
		교통비	식 비	숙박비	잡 비	계
01	2022 04.30 ~ 05.01	100,00	182,000	45,000	0	237,000
02	05.07 ~ 05.08	98,000	187,000	55,000	0	340,000
03	05.21 ~ 05.22	92,000	177,000	55,000	0	324,000
04	06.04 ~ 06.06	124,000	346,000	130,000	33,000	633,000
05	06.18 ~ 06.19	80,000	182,000	55,000	34,000	351,000
06	07.02 ~ 07.03	109,000	185,000	60,000	0	354,000
07	07.09 ~ 07.10	60,000	144,000	70,000	0	274,000
08	07.23 ~ 07.24	89,000	121,000	65,000	23,000	298,000
09	08.13 ~ 08.15	83,000	289,000	130,000	0	502,000
10	09.17 ~ 09.18	69,000	205,000	60,000	0	334,000
11	09.24 ~ 09.25	82,000	159,000	70,000	8,000	319,000
12	10.01 ~ 10.03	77,000	241,000	95,000	38,000	451,000
13	10.08 ~ 10.10	115,000	250,000	100,000	0	465,000
14	10.22 ~ 10.23	55,000	183,000	45,000	7,000	290,000
15	10.29 ~ 10.30	95,000	272,000	50,000	32,500	449,500
16	11.05 ~ 11.06	90,000	153,000	60,000	35,000	338,000
17	11.12 ~ 11.13	144,000	201,000	50,000	23,000	418,000
18	12.10 ~ 12.11	86,000	173,000	50,000	10,000	319,000
19	2022.12.17	123,000	220,000	55,000	0	398,000
계		1,681,000	3,870,000	1,300,000	243,500	7,094,500

	교통비	식 비	숙박비	잡 비	계
경상도(01 ~ 47)	1,916,600	3,566,000	1,200,000	160,200	6,842,800
전라도(48 ~ 90)	1,681,000	3,870,000	1,300,000	243,500	7,094,500
계	3,597,600	7,436,000	2,500,000	403,700	13,937,300

3) 남파랑길 코스별 거리, 시간, 도보일

구간	코스	구 역	거리 (Km)	시간 (시:분)	도보일
광양	48	섬진교 동단 ~ 진월초등학교	12.6	4:20	2022.04.30
	49	진월초등학교 ~ 중동근린공원	15.3	5:00	04.30
	50	중동근린공원 ~ 광양터미널	17.3	6:00	05.01
	51	광양터미널 ~ 율촌파출소	14.0	4:30	05.07
여수	52	율촌파출소 ~ 소라초등학교	14.5	4:40	05.08
	53	소라초등학교 ~ 여수종합버스터미널	11.0	3:20	05.08
	54	여수종합버스터미널 ~ 여수해양공원	8.5	3:30	05.21
	55	여수해양공원 ~ 소호요트장	15.6	5:00	05.22
	56	소호요트장 ~ 원포마을 정류장	14.3	4:20	05.22
	57	원포마을 정류장 ~ 서촌삼거리	18.0	5:00	06.06
	58	서촌삼거리 ~ 소라면 가사정류장	15.4	5:20	06.18
	59	소라면 가사정류장 ~ 궁항마을회관	8.3	2:30	06.18
	60	궁항마을회관 ~ 와온해변	14.6	5:00	06.19
순천	61	와온해변 ~ 별량화포	14.1	5:00	2022.07.02
	61-1	인안교 ~ 인안교	6.3	2:20	09.17
보성	62	별량화포 ~ 부용교 동쪽사거리	23.1	7:00	07.03

구간	코스	구 역	거리 (Km)	시간 (시:분)	도보일
고흥	63	부용교 동쪽사거리 ~ 팔영농협 망주지소	18.9	7:40	07.09
	64	팔영농협 망주지소 ~ 독대마을회관	12.5	4:30	07.10
	65	독대마을회관 ~ 간천버스정류장	23.1	7:20	07.23
	66	간천버스정류장 ~ 남열마을 입구	12.9	5:20	07.24
	67	남열마을 입구 ~ 해창만캠핑장	15.3	5:30	08.13
	68	해창만캠핑장 ~ 도화버스터미널	20.3	7:20	08.14
	69	도화버스터미널 ~ 백석회관	16.4	5:00	08.15
	70	백석회관 ~ 녹동버스공용정류장	14.1	5:30	09.18
	71	녹동버스공용정류장 ~ 고흥만방조제공원	20.8	7:00	09.24
	72	고흥만방조제공원 ~ 대전해수욕장	14.4	5:00	09.25
	73	대전해수욕장 ~ 내로마을회관	15.9	5:00	10.01
	74	내로마을회관 ~ 남양버스정류장	8.7	3:10	10.01
보성	75	남양버스정류장 ~ 신기수문동 버스정류장	19.8	7:00	10.02
	76	신기수문동 버스정류장 ~ 선소항 입구	16.7	6:10	2022. 10.03
	77	선소항 입구 ~ 율포솔밭해변	12.2	4:00	10.08
장흥	78	율포솔밭해변 ~ 원능마을회관	18.3	6:30	10.09
	79	원등마을회관 ~ 회진시외버스터미널	26.5	9:00	10.10

구간	코스	구 역	거리 (Km)	시간 (시:분)	도보일
강진	80	회진시외버스터미널 ~ 마량항	20.0	7:00	10.22
	81	마량항 ~ 가우도 입구	15.2	5:30	10.23
	82	가우도 입구 ~ 목리교	13.9	4:30	10.29
	83	목리교 ~ 도암농협	18.9	6:40	10.30
해남	84	도암농협 ~ 사내방조제	15.3	5:20	11.05
	85	사내방조제 ~ 남창교	16.5	5:40	11.06
완도	86	남창교 ~ 완도항 해조류센터	25.8	8:30	11.12
	87	완도항 해조류센터 ~ 화흥초등학교	18.1	6:00	11.13
	88	화흥초등학교 ~ 원동버스터미널	16.5	6:00	12.10
해남	89	원동버스터미널 ~ 미황사 천왕문	13.8	4:10	12.11
	90	미황사 천왕문 ~ 땅끝탑	15.8	5:30	12.17
		계	699.5	237:40	40일

4-1) 우리가 찾아간 맛집(1)

구간	상호명	전화번호	주소	메뉴
광양	청룡식당	(061)-772-2400	전남 광양시 진월면 섬진강매화로 160-1	재첩요리
광양	광양만횟집	(061)-791-6606	전남 광양시 발섬3길 19	생선회
광양	금목서 광양불고기	(061)-761-3300	전남 광양시 광양읍 읍성길 199	한우불고기
광양	대한식당	(061)-763-0095	전남 광양시 광양읍 매일시장길 12-15	한우불고기
여수	구백식당	(061)-662-0900	전남 여수시 여객선터미널길 18	금풍생이
여수	돌산식당	(061)-662-3037	전남 여수시 교동남2길 13	서대회
여수	한일관	(061)-654-0091	전남 여수시 봉산2로 32	해물한정식
여수	연안식당 여수여천점	(061)-686-2235	전남 여수시 시청서5길 3	산해진미 해물탕
여수	청마루	(061)-683-6460	전남 여수시 화양면 나진길 18	낙지볶음
여수	경노회관	(061)-888-0044	전남 여수시 대경도길 2-2	하모류미키
여수	경도회관 여천점	(061)-920-8888	전남 여수시 시청서3길 23	하모 샤브샤브
여수	자매식당	(061)-641-3992	전남 여수시 어항단지로 21	장어요리
여수	백초횟집	(061)-644-6052	전남 여수시 돌산읍 진두해안길 42	생선회

구간	상호명	전화번호	주소	메뉴
여수	복춘식당	(061)-662-5260	전남 여수시 교동남1길 5-8	아귀찜
순천	대광횟집	(061)-723-8489	전남 순천시 해룡로 208	생선회
순천	흥덕식당	(061)-744-9208	전남 순천시 역전광장3길 21	한식
순천	금빈회관	(061)-744-5553	전남 순천시 장명4길 8	소떡갈비
순천	쌍암기사식당	(061)-754-5027	전남 순천시 승주읍 신성길 2	한식뷔페
보성	대박회관	(061)-858-1201	전남 보성군 벌교읍 홍암로 6-1	한식
보성	외서댁 꼬막나라	(061)-858-3330	전남 보성군 벌교읍 조정래길 56	꼬막정식
보성	호동맛집가든	(061)-857-0145	전남 보성군 벌교읍 장호길 691	짱둥어탕
보성	특미관	(061)-852-4545	전남 보성군 보성읍 봉화로 53	생삼겹살
화순	화순 옛날두부	(061)-375-4240	전남 화순군 화순읍 시장길 33	순두부찌개
화순	수림정	(061)-374-6560	전남 화순군 화순읍 진각로 154	한정식

4-2) 우리가 찾아간 맛집(2)

구간	상호명	전화번호	주소	메뉴
영암	독천식당	(061)-472-4222	전남 영암군 학산면 독천로 162-1	낙지요리
영암	동락식당	(061)-473-2892	전남 영암군 영암읍 서문로 10	세발낙지
고흥	과역기사님 식당	(061)-834-3364	전남 고흥군 과역면 고흥로 2959-3	삼겹살백반
고흥	삼원락갈비	(061)-834-5757	전남 고흥군 고흥읍 여산당촌길 35	왕돼지갈비
고흥	대흥식당	(061)-834-4477	전남 고흥군 고흥읍 고흥로 1694	한식
고흥	원조 소문난갈비탕	(061)-833-2052	전남 고흥군 동강면 고흥로 4259	소갈비탕
고흥	중앙식당	(061)-832-7757	전남 고흥군 도화면 당오천변1길 39	한정식
고흥	영성횟집	(061)-842-3914	전남 고흥군 도양읍 비봉로 200	민돔회
광주	화정떡갈비	(062)-944-1275	광주광역시 광산구 광산로 29번길 6	떡갈비
광주	송정떡갈비	(062)-944-1439	광주광역시 광산구 광산로 29번길 1	떡갈비
광주	상무초밥	(062)-385-9200	광주광역시 서구 운천로 253	초밥
광주	대광식당	(062)-226-3939	광주광역시 서구 상무대로 695번길 15	육전
장흥	취락식당	(061)-863-9336	전남 장흥군 장흥읍 물레방앗길 36	한우등심 키조개삼합

구간	상호명	전화번호	주소	메뉴
장흥	장흥 한우프라자	(061)-864-8088	전남 장흥군 장흥읍 토요시장1길 45	한우등심 키조개삼합
장흥	3대곰탕	(061)-863-3113	전남 장흥군 장흥읍 토요시장3길 16-2	곰탕
장흥	싱싱회마을	(061)-863-8555	전남 장흥군 장흥읍 건산로 48	생선회
장흥	바다하우스	(061)-862-1021	전남 장흥군 안양면 수문용곡로 139	키조개 코스요리
강진	마량회타운	(061)-433-7550	전남 강진군 마량면 미항로 136	생선회
강진	명동식당	(061)-433-2147	전남 강진군 강진읍 서성안길 5	한정식
강진	해태식당	(061)-434-2486	전남 강진군 강진읍 서성안길 6	한정식
강진	청자골종가집	(061)-433-1100	전남 강진군 군동면 종합운동장길 106-11	한정식
강진	예향	(061)-433-5777	전남 강진군 강진읍 보은로3길 11-1	한정식
강진	다강한정식	(061)-433-3737	전남 강진군 강진읍 중앙로 193	한정식

4-3) 우리가 찾아간 맛집(3)

구간	상호명	전화번호	주소	메뉴
완도	원동기사식당	(061)-553-0500	전남 완도군 군외면 원동길 15	한식
완도	해궁횟집	(061)-554-3729	전남 완도군 완도읍 장보고대로 340	전복뚝배기
완도	미원횟집	(061)-554-2506	전남 완도군 완도읍 해변공원로 65	전복 코스요리
완도	칭찬	(061)-554-5577	전남 완도군 완도읍 해변공원로 59	중화요리
완도	청실횟집	(061)-554-8983	전남 완도군 완도읍 해변로 51-1	전복요리
해남	천일식당	(061)-535-1001	전남 해남군 해남읍 읍내길 20-8	떡갈비정식
해남	대동명품한우	(061)-537-0222	전남 해남군 북평면 현산북평로 1125	황칠갈비탕
해남	바다동산	(061)-532-3004	전남 해남군 송지면 땅끝마을길 52	삼치회
해남	원조장수통닭	(061)-535-1003	전남 해남군 해남읍 고산로 295	닭코스요리